# 高等数学教学的理论与实践应用研究

殷俊峰 ◎ 著

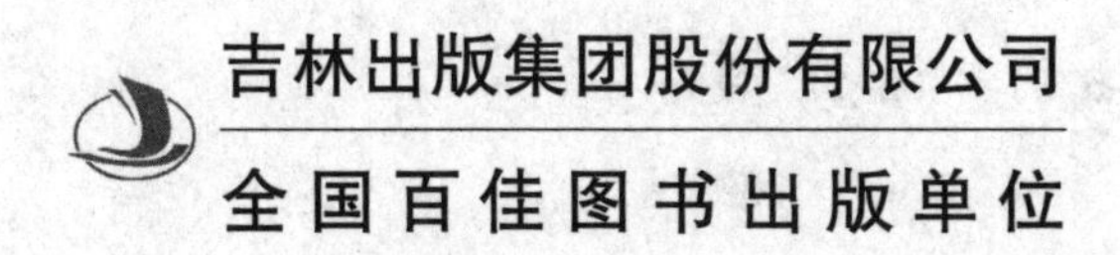

图书在版编目（CIP）数据

高等数学教学的理论与实践应用研究 / 殷俊峰著
. -- 长春 : 吉林出版集团股份有限公司, 2022.5
ISBN 978-7-5731-1485-3

Ⅰ. ①高… Ⅱ. ①殷… Ⅲ. ①高等数学－教学研究
Ⅳ. ①013

中国版本图书馆CIP数据核字(2022)第070106号

GAODENG SHUXUE JIAOXUE DE LILUN YU SHIJIAN YINGYONG YANJIU
高等数学教学的理论与实践应用研究

著　　者　殷俊峰
责任编辑　田　璐
装帧设计　朱秋丽
出　　版　吉林出版集团股份有限公司
发　　行　吉林出版集团青少年书刊发行有限公司
地　　址　吉林省长春市福祉大路 5788 号
电　　话　0431-81629808
印　　刷　北京昌联印刷有限公司
版　　次　2022 年 5 月第 1 版
印　　次　2022 年 5 月第 1 次印刷
开　　本　787 mm × 1092 mm　1/16
印　　张　10
字　　数　200千字
书　　号　ISBN 978-7-5731-1485-3
定　　价　58.00元

# 前　言

高等数学课程是高等学校理工科各专业学生的一门非常重要的必修基础理论课，是为培养我国社会主义现代化建设所需要的高质量专门人才服务的。高等数学在培养学生逻辑思维能力和分析问题、解决问题的能力方面是其他课程无法替代的。目前，不少学生都觉得高等数学课程太枯燥、太抽象、太难理解、现实中用不到，而教师却强调数学是基础，是工具，是学好其他课程的保证。高校教育教学工作中，高等数学作为高校学生必修课程之一，此类课程具有公共性与复杂性，部分学生在数学领域缺乏天赋，难以对高等数学课程产生兴趣。除此之外，部分文管类学生认为高等数学课程与专业联系不大，从而忽视此类课程的学习。为了缓解这些矛盾，把学生培养成数学基础扎实、数学能力强、数学素质高的创新性人才，必须不断进行高等数学课程的教学改革与实践。

随着经济水平的提升，我国在高等教育领域发展得较为迅速。高校作为培养综合型人才的主要场所，其教育教学水平将会对我国的人才质量产生直接影响。

在高校教育工作中，课堂教育教学时间较少，学生与教师之间的互动较为困难，因此当学生遇到难度较高、难以理解的知识内容时，不能够及时得到指导，便会使学生对高等数学知识的学习积极性逐渐减弱。在高校教育教学工作中，教师选择的教育方式也将对学生的学习状况产生较大影响。在目前的高等数学教育教学工作中，大部分教师对学生的兴趣培养工作并不重视，仅依照学校排课时间讲授高等数学知识，并且对学生的知识掌握情况也并不关注，只按照教学计划进行课堂教育工作。新形势下，教学工作需要具有启发式的教育特点，即通过培养学生兴趣，启发学生进入学习过程，提升学生的学习积极性。

# 目 录

# 第一章　高等数学教育概述

## 第一节　我国高等数学教育中存在的若干问题

### 一、概述

随着科学技术的迅猛发展，各门学科知识开始相互渗透，使得一些交叉学科呈现出越来越强的生命力，而数学则是与其他学科交叉部分最多、知识渗透得最为广泛的一门学科。例如生物数学、数量经济方法、数理语言学、定量社会学、天文学等学科均大量运用数学工具解决各自领域的问题，甚至文学、法学、政治学等学科也要借助数学模型进行更深层次的研究。新的形势迫切需要非数学专业的学生也具备较好的数学基础，这样的基础决定了高校会培养出什么样的社会劳动者，而劳动者能力的高低则决定了这个国家的经济发展水平和速度，所以高等教育的质量关乎一个国家的发展水平。

为了让非数学专业的学生拥有更强的能力，成为未来高素质的社会人才，从 20 世纪 90 年代开始，我国许多高校为经济管理类、文史类、法学类、政治学等院系学生开设了高等数学课。然而，随着越来越多的高校为非数学专业的学生开设数学课，出现的问题也越来越多，如许多学生（包括财经类学生和文史类学生）对数学的兴趣不高、不清楚所学知识如何应用、对数学畏惧、不及格率高等。笔者所在的团队曾对我国部分高校进行走访调查，发现许多高校在开办高等数学的过程中都遇到了一系列令其头痛的问题，其中最大的共性问题是高等数学的不及格率非常高，多数在 10% 以上，部分高校的不及格率高达 35%。居高不下的不及格率已经成为困扰学生和教师的首要难题。为了让学生尽可能地通过考试，教师不得不逐年降低试题难度，有的高校甚至为往届重修生单独出题，但仍然有部分学生直到大四还不能通过考试。一方面，时代发展要求非数学专业的学生要拥有较好的数学基础；另一方面，学生学习数学的兴趣并不高，不及格率居高不下，这样矛盾的现状令高校教育工作者感到头疼和无助。目前，这些问题已经引起了一些学者的重视，并针对高等数学教育中出现的问题进行了探讨和研究。如徐利治在2000年谈了自己对高等数学教育的一些看法，并给出了一些大胆而独特的改革建议；聂普炎强调了实验和软件对培养学生的动手能力的重要性；郑毓信谈了对数学课程改革的观点，并强调了高等数学教师队伍应专业化等。在众多教育工作者的关注下，有些学校已经开始组建专门的高等数学教学队伍，希望通过团队的力量进一步提高高等数学的教学质量。然而，现有的对高等数学教育的研究大多只片面地关注了教育体制以及高校本身存在的问题，而忽略了学生以及中学数学教育方式等重要影响因素。事实上，提高教学质量，绝不能仅靠高校进行简单的教育体制改革，学生自身的学习态度、中学教育方式、教材质量以及教师重视程度等都起着非常重要的作用。本节从学校和学生两方面分别总结了影响高等数学教学质量的一些问题，并对这些问题逐一进行分析。

## 二、高等数学教育中存在的问题

### （一）学校在开展高等数学教育过程中存在的问题

笔者对国内一些知名大学的高等数学课程进行了调研，所调研的学校几乎都对全校的非数学专业学生开设了高等数学课（一般包括微积分、线性代数和概率论与数理统计三门课），并针对不同专业学生对数学的需求进行了分层教学，不同层次的学生使用不同的教材，设置不同的学时。归纳这些学校的高等数学课，大体可以分为3~5类，教材内容由难到易依次为理工类（约4学期）、经济管理类（约4学期）、医学类和城市规划类（约3学期）、文史类（约2学期），以及针对部分文科院系如艺术、外语等介绍数学思想、数学发展史的选修课（1学期）。由此可见，数学已经成为21世纪各个专业的学生必须学会的一门课程。这符合时代发展的需要，也能满足学生日益提高的技能要求。然而，在调研中也发现各高校在开展高等数学的教学过程中存在着诸多问题，其中比较突出的共性问题有：

1.各高校普遍重科研而轻教学

为更多的非数学专业学生开设高等数学课，目的是让更多的学生掌握数学思想，学会用数学思维思考问题、用数学方法解决问题。因此，数学课，尤其是非数学专业的数学课的教学应该是一个动态的发展过程，是与社会发展紧密联系的过程。教师应根据学生的专业特点、知识储备情况等定期修改大纲，及时将数学的新应用和发展增加到课堂中去，让学生真正了解学习数学的意义。然而，由于越来越多的民众开始关注高校排名，许多高校都比较重视教师的科研能力，而忽略教学技能，致使教师普遍把注意力都放在了如何提高科研水平上，而没有精力去关注教学问题，更少有教师根据社会的发展及时增删知识。虽然许多高校对数学课采取了分层教学的形式，但是这种分层只是根据不同专业的学生对数学的不同要求将原有的高等数学内容进行了删减、调整，知识结构并没有发生根本的变化，对数学的应用讲解得不够，更没有及时更新知识。因此，高等数学课的教学内容普遍比较陈旧、教学方法单一、学生学习效果差，对数学的掌握和理解根本不能满足社会的要求。

原因分析：重视科研而忽视教学，这是很多高校存在的问题。诸多高校为了提高自己的知名度，有个好的排名，鼓励教师多拿项目、多写文章。有的高校为了让教师多出成果，将职称评定标准不断提高，并对所有的教师实行科研考核制度。对于科研考核不合格的教师，不论其教学水平多高，学生有多喜爱，都进行惩罚甚至解聘。教师为了完成给定的科研任务，也为了达到越来越残酷的职称评定标准，不得不把大量的精力放在科研上，基本无暇关注教学问题。因此，要提高高等数学的教学质量，就必须纠正这种重科研而轻教学的错误导向。

2. 各地中学教材改革不同步，中学和大学的数学内容不衔接

20 世纪末，国家开始推行素质教育，目的是培养综合素质高、生存能力强的新一代学生，减少只会学习的“书呆子”，使学生在德、智、体、美、劳等各个方面得到较好发展。但在推行过程中，一些地方的中学（包括家长）对素质教育的理解不够正确，误认为素质教育就是减负，为此开始对教材进行改革，删减了部分抽象复杂的知识，却增加了一些大学数学课程较简单的知识。然而，为了顺利考上大学，学生和教师仍然搞题海战术，学习的时间和强度都没有减少，所以学生的创新能力、思想品德、身体素质等多方面并没有得到显著提高。这样的改革效果并没有使素质教育真正实施起来，学生的数学基础反而下降了许多。另外，由于对学生的培养目标理解不同，各地中学对数学教材的改革方式也大不相同。一方面，许多地方的中学删掉了如极坐标、复数、反三角函数、空间曲面等知识，而增加了一些原本应在大学讲解的知识，如微积分、线性代数以及概率论等高等数学的部分内容；另一方面，有些省份的中学却把复数、反三角函数等知识当作教学重点，根本没有涉及任何高等数学知识。中学数学改革千差万别，导致各地学生带着不同的知识储备进入了大学。而大学数学并没有将中学删掉的知识补充进来，教材也没有根据学生的不同数学基础进行调整。各地上来的学生不论基础如何，只要在同一专业，就上相同的数学课程。这种现象造成的结果是没有学过复数、反三角函数、空间曲面等知识的学生在大学时遇到这些知识就很难听懂，而遇到学过的高等数学知识时又觉得乏味、没有新意。前者使学生对学习产生畏惧心理，后者则会使学生有厌倦情绪，两种情形都会直接对学生的学习效果产生影响。

解决思路：基于中学教材改革产生的影响，我们可以从以下几个方面进行改正：第

一，纠正各地中学对素质教育的理解，不应删掉一些对学生将来学习很重要的知识。例如复数的三种表示形式、反三角函数的相关知识等，这些知识在大学数学中都要用到，中学不考虑大学的教材内容一味删减自己认为复杂抽象的知识，并不是真正减负，只是将学生的学习负担从中小学阶段推移至成年阶段。第二，应该对各省中学的数学教材进行统一改革。各地中学改革不统一，使得学生的知识储备差别很大，给高等数学的教育工作带来了一定难度。第三，应将中学数学与大学数学看成一个连贯的知识体系。学生从中学进入大学，学习的知识应该是连贯的、逐渐加深的，中学数学应是大学数学的基础。中学若想对教材进行改革，应和大学教材同步进行。中学数学如果需要删掉一些知识，那么大学数学教材应将其补充进来，而中学讲授过的知识大学数学应略讲或删除，这样才能让学生从中学到大学学到的数学知识是连贯的、系统的知识体系。

3. 高等数学普遍内容偏多，且重计算、轻应用

目前，我国许多高校的高等数学教材内容普遍偏多，计算量大且抽象枯燥，而对知识的应用讲解得不够。由于教学大纲规定的内容较多，教师每堂课都要忙于将规定内容讲完，每堂课上完教师都会感到十分劳累，极少有时间与学生沟通、互动。教师虽然教得都很辛苦，但学生的学习效果并不理想。因为学生的注意力普遍不能长时间持续，加上所学知识抽象难懂，很多学生到后期开始溜号、犯困，从而直接影响了学习效果。另外，许多高等数学教材对数学的应用讲解得不多，使得学生学完所有的数学课后仍不了解所学的知识到底有何用处。事实上，许多学生不重视数学就是觉得数学对其今后的学习和工作没有多大用处。在一次调查问卷中，有 73% 的学生认为数学对自己本专业的学习以及今后的工作是没有或少有用处的，这种认知极大地影响了学生学习数学的效果。

原因分析及解决思路：新中国成立后，我国高校的高等数学课是在苏联的帮助下开展起来的。受其影响大多数版本的数学教材重理论和计算，且难度较大。近十几年来，我国许多高校开始修改高等数学内容，总的来说难度是降低了，但计算量和理论知识仍然偏多，应用知识介绍得还是不够。如果我们能根据学生的专业特点以及时代要求，适度修改大纲，删减或略讲抽象难懂、使用率不高的知识，而增加数学在其他学科和实际生活中的应用介绍，尤其是数学在日常生活中的应用，让学生意识到数学的强大和重要性，这样学生自然会重视数学，努力学好数学。

4. 大班教学不利于课堂开展教学互动，应付考试成为教学目的

许多高校的高等数学课作为基础必修课，采取了大课堂教学的形式。经常是多个学院的学生一起上课，人数众多（一般 100~300 人不等）。大班教学的课堂效果并不好，教师很难照顾到每个学生；而学生，尤其是坐在后面的学生会由于看不清黑板或听不清

讲课而影响学习效果。这部分学生也极容易溜号而转做其他和数学课无关的事情。另外，由于数学课课堂容量大，用于课堂提问的时间非常有限，有的学生可能一学期也没有被提问过。长此以往，这些学生会出现惰性心理，不断缺课。为了督促学生来上课，有的学校要求教师每堂课点名，但由于课堂人数众多，学生知道教师很难记住所有学生，所以经常出现点名时代答到、代上课的现象。这样一学期下来，教师虽然教得很辛苦，但是教学效果并不理想。

原因分析及解决思路：近几年由于高校扩招，许多高校的教学资源开始紧张起来。若为全校的学生开设高等数学课，势必需要更多的教师、教室以及教学设备等，这会大大增加教学成本。可是新的社会需求又要求学生具备数学基础，所以大部分高校对高等数学课采取了大课堂教学的方式。这样既可以节约教室，减少教师的需求量，又可以满足社会对高校的要求。但是，从目前来看这种大课堂的教学方式并不令人满意。由于大班不好管理，学生不及格现象严重，每年大批的重修生严重干扰了正常的教学秩序。为了尽可能地减少学生的不及格比例，许多教师把学生通过考试作为教学目的，失去了高等数学课开办的意义。要想杜绝上述现象的发生，就必须限制每个教学班的人数。实践发现，一个班 60~80 人一般比较便于教师管理、开展教学活动。因此，建议每个高等数学课教学班的人数不要超过 80 人。

### （二）学生在学习高等数学过程中存在的问题

让非数学专业，尤其是纯文科院系的学生学好数学绝不能仅靠学校、教师的努力，学生本身也是影响教学质量的重要因素。笔者通过多年的教学观察、访谈，并通过调查初步给出了四个影响学生学习效果的因素。

1. 学生的自主学习能力差

在众多影响学生学习效果的因素中，学生自己的努力程度是最重要的因素。学生很清楚这一点，但很多学生总是由于种种原因不能集中精力自主学习。我们通过问卷和面谈得到影响学生主观能动性发挥的原因主要有以下三方面：

（1）新生会陷入“失重”状态，影响主观能动性的发挥。而刚刚走进大学的学生，突然离开父母，开始独立生活，很难适应。大部分学生不能很好地安排学习和生活，也不适应集体生活模式和陌生的环境，使得一些学生在大学的第一年都处于“失重”状态，学习没有计划，作息没有规律，晚上经常熬到下半夜，但具体因何事熬夜却说不清楚。第二天在课堂上犯困，听课效果很差。

（2）缺少教师和家长的督促，自我控制能力差。大学里经常举办各种社团活动，尤其是新生入学，各种招新活动更是应接不暇。学生没有教师和家长的督促和看管，容易被丰富多彩的校园生活吸引，在不知不觉中懈怠学习。

（3）授课方式改变，学生开始很难适应。大学的数学课程一般上课时间长、内容多、速度快，大学教师又不像中学教师那样每天督促学生学习，使得许多学生处于忙乱状态，不知道该怎样适应这快节奏的学习方式。另外，大学平时测验少，有的课程只在期末才会进行考试，使得许多学生在学期中松懈下来。

2. 学生对数学的兴趣不高

笔者在对人民大学近1000名非数学专业学生的调查统计中发现，将近一半的学生对数学课的兴趣不高。为什么会有这么多的学生对数学提不起兴趣？分析原因主要有以下几点：

（1）中学数学学习模式的影响。大多数中学为提高高考成绩，在讲授数学课时采用题海战术，让太多的学生对数学产生了畏惧心理，一些学生反映他们在没有上数学课前就已经开始惧怕数学了。

（2）高等数学的学科特点。高等数学课的内容普遍偏多，知识抽象难懂，相对于其他专业课程来说，学习起来更累。很多学生反映上数学课太累、太难，作业太多，提不起兴趣。

（3）教师授课风格的影响。有的数学教师讲课严谨认真，但比较古板，缺乏调动学生积极性和兴趣的必要手段。

（4）重复学习。中学学习过高等数学的同学再次学习时会感觉乏味、无趣。

（5）师生沟通不足。大学教师不坐班，上完课就走，与学生不熟悉，更缺乏必要的沟通，教学过程中容易出现问题，这些问题以及教师的态度反过来也会直接影响学生学习高等数学的兴趣。

3. 学习方法机械

首先，中学数学教材内容少，且天天有数学课，教师会把解题步骤、技巧等讲得很细致，并配备大量练习来反复训练学生，使学生养成了过于依赖教师的习惯。

其次，由于高考压力，许多地方的中学在数学课上会对学生进行反复训练，让学生像机器人一样精通各种题型，这种训练方式让学生误认为只要多刷题，用题海战术就可以学好数学。然而，大学的数学课容量大、教学速度快，内容相对于中学数学来说更复杂抽象，而教师一般只是讲解典型例题，不会带领学生大量做题。学生如果还想像中学那样依赖教师搞题海战术、机械地做题，不但非常辛苦，不能真正学懂数学，教师也不会配合。因此，许多学生抱怨数学课是大学中最为“纠结”的一门课。那么怎样才能轻松学好高等数学？对于大学生来说，应明白大学数学不同于中学数学，应尽快改正过分依赖教师、搞题海战术的学习方法。高校学生，尤其是新生应尽快使自己适应大班教学、长课时的授课方式，养成课前预习、课后复习的习惯，认真听好每堂课，灵活掌握各个关键知识点，定期复习各章节的知识结构，及时解决掉不会的问题。对于教师而言，应教会学生如何科学地支配好课堂及课下时间学习数学，教会学生根据一些典型例题掌握与之相关的题，从而学好整个知识点，让学生用尽可能少的时间学好数学。对于刚入学的新生，教师还可以在学生中成立学习小组，由助教或高年级的学生负责各个小组的学习和作业情况，高年级学生通过传授学习经验、方法等帮助新生尽快找到适合自己的学习方式。

4. 学生适应不同教师的能力差

不同的教师会有不同的授课风格。有的教师幽默、风趣，有的则相对古板、严肃；有的教师喜欢在课堂上谈古论今，而有的教师则是满堂课地讲解大纲要求的知识。近几年来，随着多媒体技术、计算机软件的普及应用，一些教师尤其是年轻教师已开始将多媒体、计算机技术应用到了课堂上。他们的课堂风格新颖，趣味性更浓，高端的技术手段往往令学生耳目一新，大大提高了数学课的趣味性。但也有一些教师，尤其是老教师还在沿用老的教学手段，一支粉笔走天涯。还有一个影响教师风格的因素是语言，大部分高校教师的普通话都很标准，学生很容易接收知识信息；但也有些教师带有浓重的地方口音，学生听不懂，从而使得听课效果下降。总之，不同的教师有不同的授课风格，而学生一般是以选课的形式修完所有的数学课程，许多学生反映在每学期初的一个月由于不适应老师的讲课方式或口音而导致学习效果不好，虽然后来会慢慢适应，但开始阶段学习的一些基础性的知识不能很好掌握，这将直接影响后面的学习效果。

多媒体等教学手段应用得好，确实可以提高教学效率，不能强制要求所有教师都把多媒体技术应用好，也不能要求所有教师都拥有纯正的普通话，具有幽默细胞，都在课堂上谈古论今显然也不实际。因此，我们一方面建议学生每学期尽量选择相同的教师，这样可以省去适应阶段，直接进入自己所熟悉的学习状态；另一方面，建议各高校重视学生对教师的反馈意见，督促教师重视学生的意见，尽自己所能将数学课上得清晰、生动，使学生在数学课上不仅收获知识，也能收获快乐。

社会的不断发展对高校培养人才提出了更高的要求。高校，作为向社会输送人才的基地，应根据社会的发展不断调整培养学生的目标，使之更好地适应快速发展的社会。高校为更多的非数学专业的学生开设高等数学，就是希望学生能掌握一些数学方法、技能，提高他们分析问题、解决问题的能力。但是，在中学的教育方式、大学本身的管理方式以及学生自身的学习方法等因素的直接影响下，高等数学教学工作在开展过程中出现了很多问题，严重影响了教学质量。要想提高高等数学的教学质量，提高学生掌握知识、应用知识的能力，就必须解决这些问题。本节系统总结了现阶段我国高校高等数学教学过程中的一些比较常见的问题，对这些问题形成的原因逐一进行了分析，并针对这些问题给出了解决思路，希望这些分析能对教师和学生有所帮助。

## 第二节　高等数学教育的改革策略

高等数学就是指理工科类大学当中所开设的非数学专业的一门基础类课程，它对于学生来说是极其重要的。然而，伴随着我国教育体系的不断改革，传统类型的高等数学教育逐渐不能满足学生本身以及社会的需要了。基于此，笔者结合教育现状对如何提高高等数学的教育水平提出了几点建议。

### 一、高等数学教育的现状

高等数学在理工科大学中是一门非常重要的基础类学科，然而，虽然它的存在是必需的，但是也不可避免地存在着各种各样的问题。例如课程内容同实际应用严重不符、学习内容同实际目标不匹配等。为此，高等数学的课程内容与教学方式都应该做出相应的调整，让其能够与学生今后的实际工作接轨，继而将高等数学的应有效能充分地发挥出来。

#### （一）课程内容同实际应用不符

对于刚刚接触高等数学这门科目的学生来说，由于他们本身对于此门科目了解甚少，所以根本不懂得如何将相对枯燥乏味的理论性知识同实际联系到一起。高等数学教育的根本目的就是让学生在课堂中尽可能多地掌握一些具有实际意义的知识与常识，继而让他们能够将这些知识应用到自己今后的生活与工作当中。但是就我国高等数学的教学现状来看，很少有学校能够达到这一水平。

#### （二）教学方法过于陈旧

受我国应试教育的影响，高等学校当中的教师还在使用最传统的“啃书本”和“烂笔头”的教学方式。在这种情况下，学生只是一味处于被动接受知识状态，根本没有机会和时间去锻炼自己的发散性思维与创新能力。此外，由于条件的限制，在课堂上很少会应用到一些多媒体的高科技设备，在很大程度上影响了高等数学的现代化发展速度。

## 二、高等数学教育的改革策略

### （一）革新传统的教学观念

“改革”二字所针对的不仅仅是学校，其中还包括教育部门以及社会的人文环境等。在改革中，教育机构应该将高等数学的教育问题列入科学研究的领域当中，继而让社会各界的众多教育学者都能够加入此项研究。此外，在课程内容的设置方面应该做出两方面的改革：首先，对当前的行业状况与发展动态进行充分的掌握，继而对现行的高等数学课程内容做出适当的调整；其次，教学大纲应该同实际岗位中的管理规范高度匹配，让学生能够在课堂中对自身的操作技能与应用水平得到进一步的提高。

### （二）深入开展校内教师的再教育工作

首先我们应该明确的一点是，对传统教育进行改革的目的就在于提高学校的整体教学水平。教师不仅是学生学习的榜样，同时也是学校教育水平的最基础保证。为此，只有拥有一支高能力、高素质、高水平的师资队伍，才能够将教育改革的最终意义充分地发挥出来。在今后的改革工作当中，校方应该更加深入地开展对校内教师的再教育工作，其中的教育内容应该包括基础理论教育、道德教育、数学哲学、数学方法、教育思想以及教育规范，等等。让教师能够在一次次的学习中充分地意识到自身的不足之处，继而提高自身的专业技术等级与个人修养。此外，在教师的再教育课程当中也应该适当地加入一些心理学方面的知识，以便能够帮助他们更好地揣摩学生的心理，制定出更加适合他们的教学大纲。

学校的管理者应当积极地鼓励教师去参加培训，让他们知道，一名优秀的教师不但需要具有充足的专业知识储备，同时还应该拥有高尚的品德和修养。只有在育人的同时不忘育己，才能够在教育的路上越走越远，继而为国家和社会培养出更多优秀的人才。

### （三）革新传统的教学方法

如今，很多高校中的教师还沉溺在传统的“满堂灌”式教学方法中难以自拔，自顾自地在课堂中眉飞色舞地教授，却不知下面的学生早已神游了。基于此种情况，我们必须对传统的教学方法进行进一步的革新，在课堂中尽可能多地引入一些多媒体设施。伴随着互联网与计算机的高度普及，教师也可以将互联网资料带到课堂中。举例说明，教师可以将校内网作为媒介，在其中创建一个名为“高等数学培训”的板块，并根据课程内容加入一些名师讲课视频以及学生课后习题等。此外，学生还可以通过这一系统来与教师进行在线的实时交流，及时将自己遇到的问题反馈给教师。这种方式不但能拉近师生之间的距离，还能让原本单一乏味的传统式教学方式变得更具多样性和趣味性。

### （四）对考试方式进行改革

上文中提到过“应试教育”，这种中国式教育体系在无形当中制约了高等数学教育水平的提高。基于此，校方可以尝试着对考试的方式来做出些许调整，让学生在注重理论性知识的同时也考虑到对个人数学素质的培养。

笔者建议我国的教育部门取消高校当中的期中期末考试，实施集闭卷答题、论文答辩、实验报告以及课程评价于一身的多元化考核制度。其中应该将重点放在日常的小型课题考试当中，这种做法不但能够消除学生对考试的恐惧心理，同时还能够锻炼他们的思考能力和查阅资料的能力，从根本上提高学生对高等数学课程学习的积极性。

## 第三节　高等数学教育大众化

随着社会的发展，高等教育大众化已经成为现实，数学的重要性已经被人们所认识，数学大众化的思想也逐渐被人们所接受。我国高校大规模扩招使高等教育正从精英教育转向大众化教育，在校学生的个体差异和数学基础的差别也越来越大，因此高等数学的教学不能还是同一个模式、同一个要求。新的教育形式对传统的高等数学教学模式产生了强烈的冲击，原有的教学方式已经不能适应新的教育环境，必须做出改变。

高等数学作为高等院校的一门基础课程，对学生逻辑思维能力的培养起着非常重要的作用。随着时代的进步和科技的发展，各种知识增长的速度越来越快，高等数学基础课的作用也越来越明显，也越来越受到各高等院校的重视。不同专业的学生都不同程度地需要学习高等数学，而学生对此的反应较为冷漠，学习高等数学的积极性普遍不高，学习兴趣普遍不浓，甚至有厌学、拒学的情绪。分析学生的中考、高考成绩，很容易发现高等院校特别是专科院校的学生数学基础知识较差，从小学到初中、高中学习素质培养不够，不少学生的看图、作图能力非常低，数形结合的能力较为欠缺。又因为大、专科院校很多专业是文理兼招的，有相当一部分的学生特别是文科出身的学生，存在高等数学无用论的错误思想，认为只要不是数学专业，高等数学在今后的工作中用处不大，几乎没有用。这种肤浅的认识导致这些学生缺乏对高等数学进行探究的动力，在数学学习中一遇到困难就选择放弃，也就没有学习的毅力和决心。还有就是现行的高等数学教材的内容问题，一般的高等数学教材其理论性、抽象性、连贯性都很强，过于偏重理论而脱离实际，和现实生活联系紧密的实际问题不多，使得学生有一种枯燥无味的感觉，这样很容易挫伤学生的学习兴趣。要改变这种现状，唯有教师在教学方面多想办法，改变高等数学传统的教学方式，在教材上下功夫，教学内容要贴近生活，教学用语要通俗易懂、深入浅出；正确处理教学中直观与理论、浅出与深入、对比与联系的关系，尽可能地使高等数学大众化、通俗化、生活化。

## 一、概念的大众化

数学概念是反映数学对象本质属性的思维形式，其定义方式多种多样，有描述性的，有指明外延的，有概念加类差，等等。理解并掌握数学概念的本质属性，体会出其所涉及的范围，这对准确应用概念进行判断是大有益处的。

高等数学作为一门基础学科，概念的教学是课程教学的基本内容和重要组成部分。学生理解了高等数学的相关概念，有利于提高自身学习高等数学的兴趣，也有利于了解、理解、掌握和应用高等数学的相关知识。对于刚刚进校的新生来说，要把理论性和抽象性都较强的高等数学的概念理解透彻是很不容易的。因此，教师在教高等数学的相关概念时要用一些通俗易懂的生活化语言进行阐述，和生活相关才能更好地让学生理解。

例如，用“$\varepsilon-N$”语言来定义数列极限，学生往往对数学语言理解不透，或者说比较难理解。教师这时候可以采用生活化的语言进行解释，学生中有些同学关系很要好，经常在一起，可以说是“亲密无间”，也就是说两人之间没有距离。关系越来越亲密，也就是两人之间的距离越来越小。$|a_n-A|<\varepsilon$，当 $\varepsilon\to0$ 时，表示 $a_n$ 与 $A$ 之间的距离为 0，也可以认为 $a_n$ 无限接近 $A$，即数列 $a_n$ 的极限为 $A$。

又如，对于函数的连续性的理解。一般教材上都是用极限的“$\varepsilon-\delta$”语言来定义的，对于很多文科出身的学生来说，极限本身就是一个很难理解的概念，再加上数学语言，更是不好理解了。对于大专院校的非数学专业的学生，不一定要掌握极限的“$\varepsilon-\delta$”定义，只要能理解描述性定义就可以了。一般来说，一个函数的图象对应的是一条曲线，函数在某个区间上连续，就是指在这个区间上的任何一点都没有断开。简单地说，就是在这个区间上函数的图象可以用一笔画出来，中间没有停顿。

## 二、定理的大众化

一个定理包含条件和结论两部分，定理是经过反复证明了的正确理论，在证明过程中将条件和结论有机地连接在一起，而学习定理是为了更好地应用它解决各种疑难问题。在高等数学中，定理及其应用占了很大篇幅。定理、公式、法则是概念的延续、复合、升华。一方面对定理、公式、法则的理解有助于加深概念的理解掌握；另一方面，定理、公式、法则是理论联系实际的桥梁，是学好数学解决实际问题的重要方法和手段。在传统的高等数学教材中对定理以及定理的证明都是用纯粹的数学语言来描述的。只有用大众化的语言解释说明定理、公式、法则使得大部分学生都能听得懂，才能更好地体现定理、公式、法则的重要性，从而更好地应用定理、公式、法则。

例如，在闭区间上连续函数的性质的学习中，最值定理、介值定理、根的存在定理和一致连续性等定理的理解、让学生用数学语言来描述就不太容易，接受纯理论性的证明过程就更难了。借助数形结合的方法，从函数的图象上来看这些定理就很容易理解。

在闭区间上连续的函数在该区间上一定有最大值和最小值。这就是说，如函数 $f(x)$ 在 $[a, b]$ 上连续，那么至少有一个点 $\xi \in [a, b]$，使得 $f(\xi)$ 是 $f(x)$ 在 $[a, b]$ 上的最大值或者是最小值。这就好比在桌面上建立一个直角坐标系，固定两个点，两点之间用一条线来连接，这个时候桌面可以看作一个平面，而连接两个点的线则看作函数的图象曲线，这条线上总有一个最高点，也总有一个最低点。而两个点是固定的，线长也是有限的，线上的任何一点的高度都是在最高点与最低点之间，因为整条线是没有断开的，所以最高点与最低点之间每一个高度线上都有一个对应点，因而就很容易理解介值定理了。这时候要是两个固定的点一个在横轴的上面，一个在横轴的下面，也就是使得函数值一个是正的，一个是负的，那么至少会有一个点使得线与横轴相交，也就是函数值为 0，由此零点定理得到了相应解释。

## 三、应用的大众化

数学是从由解决生活中的问题产生的，学习数学的最终目的是回去解决实际生活中的问题。应用是学习高等数学的最终目的，也是学习数学的灵魂和精髓。要解决实际生活中的问题，一般需要一定的理论基础，首先将生活问题转化为数学问题，建立数学模型，通过数学公式计算论证等解决数学问题，得出结论应用于实际生活。在教材的处理上要从后继课程的需要和实际生活的需要出发，充分介绍现实生活中的应用，让学生了解学习高等数学可以使生活中的难题得以解决，体现出高等数学的重要性，从而增加学习的动力和自觉性。

例如，函数极值与一阶导数的关系。一般地，设函数 $f(x)$ 在点 $x_0$ 附近有定义，如果对 $x_0$ 附近的所有的点，都有 $f(x)<f(x_0)$，我们就说 $f(x_0)$ 是函数 $f(x)$ 的一个极大值，那么这时候我们可以从图象上清楚地看到在 $x_0$ 附近，在它的左边，函数 $y=f(x)$ 是增函数，图象是不断上升的，此时曲线上点的切线的倾斜角 $\alpha$ 是在 $0°$ ~$90°$ 之间，故切线的斜率 $k>0$，即 $f'(x)>0$；而在它的右边，函数 $y=f(x)$ 是减函数，图象是不断下降的，此时曲线上点的切线的倾斜角 $\alpha$ 是在 $90°$ ~$180°$ 之间，故切线的斜率 $k<$

0，即 $f'(x)<0$。同样地，函数 $y=f(x)$ 在 $x=x_0$ 处取得极小值的情况与上述情况正好相反。这样就把函数的极值与一阶导数和曲线的单调性、直线的斜率、直线的倾斜角这些简单易懂的知识点结合在一起，就能使学生非常容易理解和应用。

大众化教育模式下的高等数学的教与学有别于原有的精英教育模式，教师在教学过程中只有充分挖掘现实生活中高等数学的素材，才能不断拉近高等数学与高等院校普通人群的距离。高等数学的大众化、生活化，就是要被高等院校普通人群接受认可，教学内容密切与生产生活实际相联系，从而真正体现出高等数学来源于生活，又要高于生活，最终服务于生活的本质。

## 第四节　高等数学教育中融入情感教育

在教学活动中，教师在课堂上的情感投入，能够对课堂和教学的质量产生重要的影响。将情感教育融入课程教学环节中，对于优化课堂教学、丰富课堂知识以及促进学生的兴趣提升与全面发展，都具有十分重要的意义与价值。高等数学在高等教育中处于基础地位，对每一个学生尤其是理工科学生的思维模式都会产生重要影响，因而，在高等数学教学环节中融入情感教育展现出了明显的必然性和科学性。

### 一、高等数学教育中融入情感教育的重要作用

在当今时代，随着国家经济的迅速发展，高等教育呈现出较为浮躁和功利的现象，这种趋势和现状对高等数学教育产生了巨大的影响。因为高等数学的学习和发展，具有一定的稳定性和艰苦性，需要长期的坚持和磨炼才能够在高等数学学习中有所突破。

高等数学教育中融入情感教育，有利于提升学生对高等数学学习的兴趣和积极性。学生在高等数学的学习中，之所以学习兴趣不高，多因为“畏难”心理和情绪，也多因为在高等数学学习过程中难以获得成就感和自豪感。教师融入情感，能够让学生树立具体目标，在学习过程中具有一定的获得感，也就能够极大地提升其高等数学的学习兴趣和积极性。

高等数学教育中融入情感教育，有利于增加学生对高等数学学习的投入和付出。学生在高等数学学习过程中，较多的学生存在应付现象。仅仅完成课后习题或者仅仅以通过期末考试作为最终目标，没有切实投入高等数学的学习中。教师融入情感教育，能够让学生切实感受到高等数学的魅力，能够让学生真正地去把握和探索高等数学的内涵和本质。

高等数学教育中融入情感教育，有利于鼓励学生了解高等数学学习的价值和作用。在课堂教学外，教师应当关注学生的成长发展和未来职业规划。在高等教育过程中，学生的成长是综合的成长和发展，在学习、生活中会遇到种种问题和困惑，高等数学教师关注学生的成长发展有利于帮助学生解决职业迷茫，激发学生的学习动力。

## 二、高等数学教育中融入情感教育的必要条件

如前文所述，高等数学在高等教育的环节和过程中，具有特殊的意义。其教学内容中所包含的积分理论、极限思想、空间几何等，都构成了一些学科的重要基础和基本理论，运用高等数学中的思想能够解决各类复杂问题。之前就有数学家谈到，没有哲学的话我们不会真正懂数学，而如果没有数学的话我们不会真正懂哲学，如果两者都没有，那么我们的生活也就毫无意义。因此高等数学教育中融入情感教育是必须的；同时，高等数学教育中融入情感教育也应当具备以下条件。

第一，高等数学教师应当深爱自己的职业和工作岗位。如果高等数学教育者本身对工作岗位都没有热情和热爱，那在高等数学教育中融入情感教育的前提条件也是不存在的。教师是世界上最阳光的职业，而兴趣也是最好的老师，尤其是高等数学老师，更应当深深地热爱自己的课堂和专业。

第二，作为高等数学教师，其基本理论知识和专业基础必须扎实。融入情感教育，是在知识教育的层面再上升一个层次，而一旦第一个层次都没有做到或者做好，是无法上升到情感教育的层次的。只有首先具备扎实的高等数学理论基础，才能够将高等数学中的数学思想与其他学科交叉研究，构建系统的框架和知识体系，才能够拉近与学生的距离，深入浅出地教授知识，提升学生的积极性。

## 三、高等数学教育中融入情感教育的重要路径

课堂教学，根据教育环境和教育场所的不同，可以分为室内教学和室外教学。在高等数学教育过程中，虽然绝大多数时间是室内教学，但是对教师在课堂以外的素质能力要求较高。在室内和室外，教师融入情感教育的路径方法和展现形式也不尽相同。

在室内，教师融入情感教育，体现教育情感投入的重要途径主要有三个方面：

第一，也是最基本的，教师应当对自身所教授的课堂知识熟稔于心，备课充分，应当具有深厚的学术造诣，只有如此才能够真正教授学生。

第二，教师在课堂的教学中，感情饱满，应当注重仪容仪表，不能在教学中表现出随意的教学态度。

第三，教师在课堂教学中应当努力做到理论与实践相结合，将高等数学中较为复杂

的学术问题和理论难点与实际生活相结合，通过具体的案例和解决实际生活中的问题作为教育教学的切入点，从而达到教授知识的最终目的。

在室外，教师融入情感教育，体现教育情感投入的重要途径主要有以下两个方面：

第一，在课堂教学外，教师应当为学生答疑解惑，并与学生探讨交流。在高等数学教育过程中，往往存在教师下课后与学生几乎没有交流的现象。因此，教师在课堂外，留有与学生交流探讨的时间，不仅对学生的学术和知识提升具有一定的帮助，同时对于促进师生交流、增进师生情感具有重要意义。

第二，在课堂教学外，教师应当与学生建立良好的师生关系，经常深入学生的学习和生活中，做学生学习和生活的引路人，缩短教师与学生的距离，这样才能够在高等数学教育中产生良好的教育效果，切实激发学生对高等数学学习的热情。

## 四、高等数学教育中融入情感教育的重要技巧

### （一）应当注重教师和学生的第一次接触

与学生的第一次接触是建立师生之间感情沟通和信任的重要时机，是实现融入情感教育的重要技巧。学生对教师的第一印象，往往决定了是否会与教师真正走近，因此，教师应当特别注意在学生面前的第一次展示。注意面部表情、注意语言表达，以饱满的热情和充分的准备对待第一堂课，这也能够为之后的情感融入教育奠定基础。

### （二）应当注意捕捉学生的兴趣点，不断激发学生的学习兴趣

当代大学生的猎奇心理较为突出，可以将数学知识与历史上的故事或者生活中的奇妙现象结合起来，以讲故事的方式，给学生授课。将学生带入情境中，在生活场景中思考数学问题，感受高等数学的独特魅力。

### （三）培养学生学习数学的良好习惯

让学生切实感受到高等数学的重要性，让学生在其他学科的学习过程中，感受到数学的基础作用；让学生能够感受到，高等数学在建设自身思维模式、构建自身的系统化视野方面的作用。

## 第五节 高等数学教育价值的缺失

为了更好地发挥高等数学的教育价值与教学作用，教师应该在今后的教育工作当中更加注重对专业知识内涵的挖掘工作。本节针对高等数学教育价值的缺失问题进行了深入的研究，其中包括高等数学的教育价值、高等数学教材的思想内涵以及高等数学教材当中的人文内涵等，以期能够给各位同人带来一些参考性的意见。

高等数学教育对于理工科高校当中的大学生来说是非常重要的一门基础类学科，然而，由于受当前我国应试教育体系的影响，很多本专业当中的教育者都比较忽视对高等数学的价值与内涵进行深度的挖掘。笔者通过多方面的查找，发现具有现实意义的研究成果数量较少，并且在水平上也还有着较大的进步空间。基于此，笔者结合自身经验对高等数学当中的价值缺失现象进行了分析，并尝试总结了几点可行性较高的应对措施。

### 一、高等数学的教育价值

我国当前的高等数学教育体系发展得尚未成熟，再加上此项学科的历史研究文献过于匮乏，所以也就无从谈起教育价值的存在。那么，到底是何种原因造成高等数学的研究历史如此缺少呢？笔者总结了如下三点原因：

首先，目前我国高校当中的课程普遍安排得非常满，所以教师根本没有时间和精力去研究课程的价值历史。

其次，我国大部分高校的高等数学课程教师一般都是身兼数职，专业的数学教师虽然本身的专业技能与教育水平都比较高，但是对高等数学的教育经验却不一定丰富，继而更加无从谈起开展对高等数学教育课程的价值研究工作了。

最后，就我国目前的教育现状来看，高等数学的教学内容同教学历史价值的研究工作根本无法紧密地结合到一起。当向学生讲述关于高等数学的价值内容时，教师不应该直截了当地向学生单纯地灌输一些纯理论方面的内容，而应该利用数学历史当中的价值闪光点与实际的课程内容结合起来，继而达到提高学生学习积极性的最终目的。

为了改变当前高等数学教育价值匮乏的现象，校方可以开设数学史选修课程。然而应该注意的是，这种方式如果运用不当就会让数学史课程变得非常枯燥和乏味，让学生对此门课程产生负面情绪，达不到预期的教学效果。更加合适的做法应该是，将数学史的理论内容与高等数学课程紧密地联系到一起，同时教会学生如何去灵活地运用数学史来提高自己的学习能力。这种做法不但能够增强学生对历史的洞察能力，同时还可以提高他们对数学概念的领悟能力。为此，教师需要明白，向学生传授数学历史的课程内容其实就是在向他们讲授如何学习高等数学的经验与价值。举例说明，当学生在学习调和级数之和的计算方法时，他们经常会对其计算结果的无限性特点非常感兴趣，教师可以充分利用这点让学生自己探索和寻找真相。或许在最开始的时候学生会觉得这种探索的过程异常困难与枯燥，通过教师的一步步引导，他们会渐渐地接近谜底。当他们将自己的解题思路与方案提出后，教师就可以适时地向他们讲授历史数学家的解题方式。

## 二、深度挖掘高等数学教材的思想内涵

在开展高等数学教学的过程当中，有效地运用数学思想的力量是极其有效的一种教学手段。为了让大学生从根本意义上了解高等数学的重要性与显性价值，教师应该让他们深刻地了解数学思想在自主学习当中的重要性。举例说明，教育者在向学生教授高等数学教材当中的"定积分"课程时，应先向他们阐述在此次的学习内容当中所能够用到的各种思想方式，如分割、逼近、换元和划归等。其中比较主要的一个即为化归，我们又可以称之为不定积分。合理地运用数学的思想方式不但能够充分调动学生的发散性思维模式，同时还可以让他们充分地意识到深度挖掘教材内容的重要性。此外，由于学生本身的阅读能力和学习能力不是非常成熟，所以在进行极其复杂的证明解题时无法正确地将最为主要的思想方式显现出来。因此教师应该充分考虑这一问题，同时引用一些较为典型的例子来帮助学生寻找正确的思想方式。

## 三、深度挖掘高等数学教材的人文内涵

高等数学教材就如同一个冰美人一般让人觉得难以接近，所以对于初经世事的大学生来说根本不能够很自如地去领悟其中所蕴含的人文气息。基于此种情况，教师需要在原有的教学大纲中适当地加入一些人文内容，其中包括数学理论的来源和发展历史、数学家的解题思路简介以及具体的实践方法等。

此外，在人文教学内容当中还应该向学生展示出攻克数学难题所必须具备的坚忍不拔的意志和执着的精神。举例说明，在向学生讲述高等数学教材中的积分课程时，需要连带告知学生积分理论是来源于牛顿和莱布尼兹所研究的流数理论和上三角形特征论。这两个理论是这两位伟大的数学家历经了千辛万苦，牺牲了无数个本应该同家人和朋友相聚的美好时光才探索出来的。随后，当积分论被提出后，有很多学术界的研究都在争论这一数学理论的归属权，而牛顿与莱布尼兹却不以为然，一直都用高风亮节的态度来面对于外界的

争论和质疑。通过这些内容的介绍，学生能够更加珍惜当前所学习到的这些宝贵的高等数学知识，深刻地认识到今天的知识是来源于历代科学家与学术研究者不辞辛苦的研究，继而让自己今后的高等数学学习生涯充满和谐和愉快。

# 第二章　高等数学教学的理论基础

## 第一节　数学教学的发展概论

21 世纪是一个科技快速发展、国际竞争激烈的时代，科技竞争归根结底是人才的竞争。培养和造就高素质的科技人才已经成为世界各国教育改革中的一个非常重要的目标。我国适时地在全国范围内开展了新课程的改革运动。社会在发展、科技在进步，大学是培养高素质人才的摇篮，大学数学教育必须满足社会快速发展的需要，所以新课程的教育理念、价值及内容都在不断地进行改革。

### 一、教学论的发展历史

数学课常使人产生一种错觉，数学家几乎理所当然地在制定一系列的定理，使得学生被淹没在成串的定理中。从课本的叙述中，学生根本无法感受到数学家所经历的艰苦漫长的求证道路，感受不到数学本身的美。而通过数学史，教师可以让学生明白，数学并不枯燥呆板，而是一门不断进步的生动有趣的学科。所以，在数学教育中应该有数学史表演的舞台。

#### （一）东方数学发展史

在东方国家中，数学在古中国的摇篮里逐渐成长起来，中国的数学水平可以说是数一数二的，是东方数学的研究中心。

古人的智慧不容小觑，在祖先的逐步摸索中，我们见识到了老祖宗从结绳记事到“书契”，再到写数字。春秋时期，人类能够书写 3000 以上的数字。逐渐地，他们意识到了仅仅书写数字是不够的，于是便产生了加法与乘法的萌芽。与此同时，数学开始出现在书籍上。

战国时期则出现了四则运算，《荀子》《管子》《逸周书》中均有不同程度的记载。乘除的运算在公元 4—5 世纪的《孙子算经》中有了较为详细的描述。筹的出现可谓中国数学史上的一座里程碑，在《孙子算经》中有记载其具体算数的方法。

《九章算术》的出现可以说将中国数学推到了一个顶峰地位。它是古中国第一部专门阐述数学的著作，是“算经十书”中最重要的部分。后世的数学家在研习数学时，多是以《九章算术》启蒙。其在隋唐时期就传入了朝鲜、日本。其中最早出现了负数的概念，远远领先于其他国家。遗憾的是，从宋末到清初，由于战争频繁、统治的思想理念等种种原因，中国的数学走向了低谷。然而，在此期间，西方的数学迅速发展，西方数学的成长将我国数学甩得很远。不过，我国也并非止步不前。比如，古代出现的算盘，至今还有很多人在用，之后又出现了很多口诀及相关书籍。算盘，是数学历史上一颗灿烂的明珠。

16 世纪前后，西方数学被引入中国，中西方数学开始有了交流，然而好景不长，清政府闭关锁国的政策让中国的数学家再一次坐井观天，只得对之前的研究成果继续钻研。这一时期，鸦片战争失败，洋务运动兴起，让数学中西合璧，此时的中国数学家虽然也取得了一些成就，如幂级数等。然而，中国的数学已经相当落后。20 世纪 30 年代，陈省身、华罗庚等人出国学习数学。此时的中国数学，已经带有了现代主义色彩。新中国成立以后，我国百废待兴，数学界也没有什么建树。随着郭沫若先生《科学的春天》的发表，数学才开始有了起色，我国的数学水平已然落后于世界。

### （二）西方数学发展史

古希腊是四大文明古国之一，其数学发展在当时可谓万众瞩目。学派是当时数学发展的主流，各学派做出的突出贡献改变了世界。最早出现的学派是以泰勒斯为代表的爱奥尼亚学派，以毕达哥拉斯为代表的毕达哥拉斯学派，还有以芝诺为代表的悖论学派。在雅典有柏拉图学派，柏拉图推崇几何，并且培养出了许多优秀的学生，为人熟知的有亚里士多德。亚里士多德的贡献并不比他的老师少——亚里士多德创办了吕园学派，逻辑学即为吕园学派所创立，同时也为欧几里得的《几何原本》奠定了基础。《几何原本》是欧洲数学的基础，被认为是历史上最成功的教科书，在西方的流传广度仅次于《圣经》。它以逻辑推理的形式贯彻全书。哥白尼、伽利略、笛卡儿、牛顿等都受《几何原本》的影响，而创造出了伟大的成就。

现今，我们在计数时普遍用的是阿拉伯数字。阿拉伯数学于公元 8 世纪兴起，15 世纪衰落，阿拉伯数学的主要成就有一次方程解法、三次方程几何解法、二项展开式的系数等。13 世纪时，纳速拉丁首先从天文学里把三角分割出来，让三角学成为一门独立的学科。从 12 世纪时起，阿拉伯数学渐渐渗透到了西班牙和欧洲。

到了 17 世纪，数学的发展实现了质的飞跃，笛卡儿在数学中引入了变量，成为数学史上的一个重要转折点；英国科学家和德意志数学家分别独立创建了微积分。继解析几何创立后，数学从此开拓了以变数为主要研究方向的新的领域，它就是我们所熟知的高等数学。

## （三）数学发展史与数学教学活动的整合

在计数方面，中国采用算筹，而西方则运用了字母计数法。不过受文字和书写用具的约束，各地的计数系统有很大的差异。希腊的字母数系简明、方便，蕴含了序的思想，但在变革方面很难有所提升，因此希腊实用算数和代数长期落后，而算筹在起跑线上占得了先机。不过随着时代的进步，算筹的不足之处也表露出来。可见要用辩证的思想来看待事物的发展。自古以来，我国一直是农业大国，数学也基本上为农业服务，《九章算术》中所记录的问题大多与农业相关。而中国古代等级制度森严，研究数学的大多是一些官职人员。数学的发展与国家的繁荣昌盛息息相关。在西方，数学文化始终处于主导地位。随着经济的发展需要，对计算的要求日渐提高，富足的生活使得人们有更多的时间从事一些理论研究，各个学派的学者们乐于思考问题解决问题，不同于东方的重农抑商，西方在商业方面大大推进了数学的发展。

1. 数学史有助于教师和学生形成正确的数学观

纵观数学历史的发展，数学观经历了由远古的“经验论”到欧几里得以来的“演绎论”，再到现代的“经验论”与“演绎论”相结合而致“拟经验论”的认识转变过程。数学认识的基本观念也发生了根本的变化，由柏拉图学派的“客观唯心主义”发展到了数学基础学派的“绝对主义”，又发展到拉卡托斯的“可误主义”“拟经验主义”以及后来的“社会建构主义”。

因此，教师要为学生准备的数学，也就是教师要进行教学的数学就必须是：作为整体的数学，而不是分散、孤立的各个分支。数学教师所持有的数学观，与他在数学教学中的设计思想、与他在课堂讲授中的叙述方法以及他对学生的评价要求都有密切的联系。数学教师传递给学生的任何一些关于数学及其性质的细微信息，都会对学生今后去认识数学，以及应用数学产生深远的影响，也就是说，数学教师的数学观往往会影响学生数学观的形成。

2. 数学史有利于学生从整体上把握数学

数学教材的编写由于受诸多限制，教材往往按定义—公理—定理—例题的模式编写，实际上是将表达的思维与实际的创造过程颠倒了，这往往使学生形成一种错觉：数学的体系结构完全经过锤炼，已成定局。数学彻底地被人为地分为一章一节，好像成了一个个各自独立的堡垒，各种数学思想与方法之间的联系几乎难以找到。与此不同，数学史中对数学家的创造思维活动过程有着真实的历史记录，学生从中可以了解到数学发展的历史长河，鸟瞰每个数学概念、数学方法与数学思想的发展过程，把握数学发展的概貌。这可以帮助学生从整体上把握自己所学知识在整个数学结构中的地位、作用，便于学生形成知识网络，形成科学系统。

3. 数学史有利于激发学生的学习兴趣

兴趣是推动学生学习的内在动力，决定着学生能否积极、主动地参与学习活动。笔者认为，如果能在适当的时候向学生介绍一些数学家的或一些有趣的数学现象，那无疑是激发学生学习兴趣的一条有效途径。如阿基米德专心于研究数学问题而丝毫不知死神的降临，当敌方士兵用剑指向他时，他竟然只要求等他把还没证完的题目完成再杀他而已。又如当学生知道了如何做一个正方形，使其面积等于给定正方形两倍后，告诉他们倍立方问题及其神话起源——只有造一个两倍于给定祭坛的立方祭坛，太阳神阿波罗才会息怒。这些材料的引入，无疑会让学生体会到数学并不是一门枯燥呆板的学科，而是一门不断进步的生动有趣的学科。

4. 数学史有利于培养学生的思维能力

数学史在数学教育中还有着更高层次的运用，那就是对学生数学思维的培养。“让学生学会像数学家那样思维，是数学教育所要达到的目的之一。”数学一直被看成是思维训练的有效学科，数学史则为此提供了丰富而有利的材料。如，我们知道毕氏定理有370多种证法，有的证法简洁漂亮，让人拍案叫绝；有的证法迂回曲折，让人豁然开朗。每一种证法，都是一条思维训练的有效途径。如球体积公式的推导，除我国数学家祖冲之的截面法外，还有阿基米德的力学法、旋转体逼近法、开普勒的棱锥求和法等。这些数学史实的介绍都非常有利于拓宽学生的视野，培养学生的全方位思维能力。

5. 数学史有利于提高学生的数学创新精神

数学素养是一个有用之人应该具备的文化素质之一。米山国藏曾指出，学生在初中、高中接受的数学知识，毕业进入社会后几乎没有什么机会应用这种作为知识的数学，所以通常是毕业后不到一两年，很快就忘掉了。然而不管他们从事什么业务工作，那些深刻地铭刻于头脑中的数学精神、数学思维方法、数学研究方法、数学推理方法和着眼点等，却随时随地发生作用，使他们受益终身。

数学史是穿越时空的数学智慧。说它穿越时空，是因为它历史久远而涉足的地域辽阔无疆。就中国数学史而言，在《易·系辞》中就记载着“上古结绳而治，后世圣人易之以书契”。据考证，在殷墟出土的甲骨文卜辞中出现的最大的数字为三万；作为计算工具的“算筹”，其使用则在春秋时代就已经十分普遍……列述这些并非要费神去探寻数学发展的足迹，而是为了说明一个事实，数学的诞生和发展是紧密地伴随中华民族的精神、智慧的诞生和发展的。

将数学发展史有计划、有目的、和谐地与数学教学活动进行整合是数学教学中一项细致、深入而系统的工作，绝非将一个数学家的故事或是一个数学发展史中的曲折事例放到某一个教学内容的后面那么简单。数学史要与教学内容在思想、观念上，从整体上、技术上保持一致性和完整性。学习研读数学史将使我们获得思想上的启迪、精神上的陶冶，因为数学史不仅能体现数学文化的丰富内涵、深邃思想、鲜明个性，还能从科学的思维方式、思想方法、逻辑规律等角度，培养人们科学睿智的智慧和头脑。数学史是丰富的、充盈的、智慧的、凝练的和深刻的，数学史在高等数学教学中的结合和渗透，是当前高等数学教学应予重视和认真落实的一项教学任务。

## 二、我国数学教学的改革概况

高等数学作为一门基础学科，已经广泛地渗透到自然科学和社会科学的各个分支，为科学研究提供了强有力的手段，使科学技术获得了突飞猛进的发展，也为人类社会的发展创造了巨大的物质财富和精神财富。高等数学作为高校的一门必修基础课程，为学生学习后继的专业课程和解决现实生活中的实际问题提供了必备的数学基础知识、方法和数学思想。近年来，虽然高等数学课程的教学已经进行了一系列的改革，但受传统教学观念的影响，仍存在一些问题，这就需要教育工作者，尤其是数学教育工作者，在这方面进行不懈的探索、尝试与创新。

### （一）高校高等数学教学的现状

1. 教师对数学的应用介绍得不到位，与现实生活严重脱节，甚至没有与学生后继课程的学习做好衔接，从而给学生一种“数学没用”的错觉。

2. 高校在高等数学教学中教学手段相对落后，很多教师抱着板书这种传统的教学手段不放，在课堂上不停地说、写和画，总怕耽误了课程进度。在这种教学方式的束缚下，学生的思考和理解很少，不少学生对复杂、冗长的概念、公式和定理望而生畏，难以接受，渐渐地，教学缺乏了互动性，学生也失去了学习的兴趣。

### （二）高等数学教学的改革措施

1. 高等数学与数学实验相结合，激发学生的学习兴趣

传统的高等数学教学中只有习题课，没有数学实验课，这不利于培养学生利用所学知识和方法解决实际问题的能力。如果高校开设数学实验课，有意识地将理论教学与学生的上机实践结合起来，变抽象的理论为具体，使学生由被动接受转变为积极主动参与，激发学生学习本课程的兴趣，培养学生的创造精神和创新能力。在实验课的教学中，可

以适量介绍 MATLAB、MATHEMATICA、LINGO、SPSS、SAS 等数学软件，使学生在计算机上学习高等数学，加深对基本概念、公式和定理的理解。比如，教师可以通过实验演示函数在一点处的切线的形成，以加深学生对导数定义的理解；还可以通过在实验课上借助 MATHEMATICA 强大的计算和作图功能，来考察数列的不同变化情况，从而让学生对数列的不同变化趋势获得较为生动的感性认识，加深对数列极限的理解。

2. 合理地运用多媒体辅助教学的手段，丰富教学方法

我国已经步入大众化的教育阶段，在高校高等数学课堂教学信息量不断增大，而教学课时不断减少的情况下，利用多媒体进行授课便成为一种新型的和卓有成效的教学手段。

利用多媒体技术服务于高校的高等数学教学，改善了教师和学生的教学环境，教师不必浪费时间用于抄写例题等工作，而是将更多的精力投入教学的重点、难点的分析和讲解中，不但增加了课堂上的信息量，还提高了教学效率和教学质量。教师在教学实践中采用多媒体辅助教学的手段，创设直观、生动、形象的数学教学情景，通过计算机图形显示、动画模拟、数值计算及文字说明等，形成了一个全新的图文并茂、声像结合、数形结合的教学环境，加深了学生对概念、方法和内容的理解，有利于激发学生的学习兴趣和思维能力，从而改变了以前较为单一枯燥的讲解和推导的教学手段，使学生积极主动地参与到教学过程中。例如，教师在引入极限、定积分、重积分等重要概念，介绍函数的两个重要极限、切线的几何意义时，不妨通过计算机作图对极限过程做一下动画演示；讲函数的傅立叶级数展开时，通过对某一函数展开次数的控制，观看其曲线的拟合过程，学生会很容易接受。

3. 充分发挥网络教学的作用，建立教师辅导、答疑制度

随着计算机和信息技术的迅速发展，网络教学的作用日益重要，逐渐成为学生日常学习的重要组成部分。教师的教学网站、校园教学图书馆等，是学生经常光临的第二课堂。每个学生都可以上网查找、搜索自己需要的资料，查看教师的电子教案，并通过电子邮件、网上教学论坛等相互交流与探讨。教师可以将电子教案、典型习题解答、单元测试练习、知识难点解析、教学大纲等发布到网站上供学生自主学习，还可以在网站上设立一些与数学有关的特色专栏，向学生介绍一些数学史知识、数学研究的前沿动态以及数学家的逸闻趣事，激发学生学习数学的兴趣，启发学生将数学中的思想和方法自觉地应用到其他科学领域。

对于学生在数学论坛、教师留言板中提出的问题，教师要及时解答，并抽出时间集中辅导，共同探讨。通过形成制度和习惯，加强教师的责任意识，引导学生深入钻研数学内容，这对学生学习的积极性和学习效果有着重要影响。

4. 在教学过程中渗透专业知识

如果高等数学教学中只是一味讲授数学理论和计算，而对学生后继课程的学习毫不重视，就会使学生感到厌倦，学习积极性就不高，教学质量就很难保证。任课教师可以结合学生的专业知识进行讲解，培养学生运用数学知识分析和处理实际问题的能力，进而提升学生的综合素质，满足后继专业课程对数学知识的需求。比如，教师在机电类专业学生的授课中，第一堂课就可以引入电学中几个常用的函数；在导数概念之后立即介绍电学中几个常用的变化率（如电流强度）模型的建立；作为导数的应用，介绍最大输出功率的计算；在积分部分，加入功率的计算；等等。

总之，高等数学教学有自身的体系和特点，任课教师必须转变自己的思想，改进教学方法和手段，提高教学质量，充分发挥高等数学在人才培养中的应有作用。

# 第二节　弗赖登塔尔的数学教育思想

弗赖登塔尔（1905—1990）是荷兰著名的数学家和数学教育家，公认的国际数学教育权威，他于20世纪50年代后期发表的一系列教育著作在当时的影响遍及全球。虽历经半个多世纪的历史洗涤，但弗翁的教育思想在今天看来依然熠熠生辉，历久弥新。

## 一、对弗赖登塔尔数学教育思想的认识

弗赖登塔尔的数学教育思想主要体现在对数学的认识和对数学教育的认识上。他认为，数学教育的目的应该是与时俱进的，并应根据学生的能力来确定；数学教学应遵循创造原则、数学化原则和严谨性原则。

### （一）弗赖登塔尔对数学的认识

1. 数学发展的历史

弗赖登塔尔强调："数学起源于实用，它在今天比以往任何时候都更有用。但其实，这样说还不够，我们应该说：倘若无用，数学就不存在了。"从其著作的论述中我们可以看出，任何数学理论的产生都有其应用需求，这些"应用需求"对数学的发展起了推动作用。弗赖登塔尔强调，数学与现实生活的联系，其实也就要求数学教学从学生熟悉的数学情景和感兴趣的事物出发，从而更好地学习和理解数学，并要求学生能够做到学以致用，利用数学来解决实际中的问题。

2. 现代数学的特征

（1）数学的表达。弗赖登塔尔在讨论现代数学的特征的时候，首先指出它的现代化特征是："数学表达的再创造和形式化的活动。"其实数学是离不开形式化的，数学更多时候表达的是一种思想，而且具有含义隐性、高度概括的特点，因此需要这种含义精确、高度抽象、简洁的符号化表达。

（2）数学概念的构造。弗赖登塔尔指出，数学概念的构造是典型的通过"外延性抽象"到实现"公理化抽象"。现代数学越来越趋近于公理化，因为公理化抽象对事物的性质进行分析和分类，能给出更高的清晰度和更深入的理解。

（3）数学与古典学科之间的界限。弗赖登塔尔认为："现代数学的特点之一是它与诸古典学科之间的界限模糊。"首先现代数学提取了古典学科中的公理化方法，然后将其渗透到整个数学中；其次是数学也融入于别的学科之中，其中包括一些看起来与数学无关的领域也体现了一些数学思想。

## （二）弗赖登塔尔对数学教育的认识

1. 数学教育的目的

弗赖登塔尔围绕数学教育的目的进行了研究和探讨，他认为数学教育的目的应该是与时俱进的，而且应该针对学生的能力来确定。他特别研究了以下几个方面：

（1）应用

弗赖登塔尔认为："应当在数学与现实的接触点之间寻找联系。"而这个联系就是数学应用于现实。数学课程的设置也应该与现实社会联系起来，这样学习数学的学生才能更好地走进社会。其实，从现在计算机课程的普及中可以看出，弗赖登塔尔这一看法是经得起实践考验的。

（2）思维训练

弗赖登塔尔对"数学是否是一种思维训练"这一问题感到棘手，尽管其意愿的答案是肯定的。但更进一步，他曾给大学生和中学生提出了许多数学问题，其测试的结果是，在受过数学教育以后，对那些数学问题的看法、理解和回答均大有长进。

（3）解决问题

弗赖登塔尔认为，数学之所以能够得到高度的评价，原因是它解决了许多问题。这是对数学的一种信任。而数学教育自然就应当把"解决问题"作为其的又一目的，这其实也是实践与理论的一种结合。其实从现在的评价与课程设计中都可以看出这一数学的教育目的。

2. 数学教学的基本原则

（1）再创造原则。弗赖登塔尔指出："将数学作为一种活动来进行解释和分析，建立这一基础之上的教学方法，我称之为再创造方法。"再创造是整个数学教育最基本的原则，适用于学生学习过程的不同层次，应该使数学教学始终处于积极、发现的状态。笔者认为"情景教学"与"启发式教学"就遵循了这一原则。

（2）数学化原则。弗赖登塔尔认为：数学化不仅仅是数学家的事，也应该被学生所学习，用数学化组织数学教学是数学教育的必然趋势。他进一步强调："没有数学化就没有数学，特别是没有公理化就没有公理系统，没有形式化也就没有形式体系。"这里，可以看出弗赖登塔尔对夸美纽斯倡导的"教一个活动的最好方法是演示，学一个活动最好的方法是做"是持赞同意见的。

（3）严谨性原则。弗赖登塔尔将数学的严谨性定义为："数学可以强加上一个有力的演绎结构，从而在数学中不仅可以确定结果是否正确，甚至可以确定结果是否已经正确地建立起来。"而且严谨性是相对于具体的时代、具体的问题做出判断的；严谨性有不同的层次，每个问题都有相应的严谨性层次，要求教师教学生通过不同层次的学习来理解并获得自己的严谨性。

## 二、弗赖登塔尔数学教育思想的现实意义

今天我们重温弗赖登塔尔的教育思想，发现新课程倡导的一些核心理念，在弗翁的教育论著中早有深刻阐述。因此，领会并贯彻弗翁的教育思想，对于今天的课堂教学仍然深具现实意义。身处课程改革中的数学教育同人们，理当把弗翁的教育思想奉为经典来品味咀嚼，从中汲取丰富的思想养料，获得教学启示，并能积极践行其教育主张。

### （一）数学化思想的内涵及其现实意义

弗赖登塔尔把数学化作为数学教学的基本原则之一，并指出："……没有数学化就没有数学，没有公理化就没有公理系统，没有形式化也就没有形式体系。……因此数学教学必须通过数学化来进行。"弗翁的数学化理论，一直被作为一种优秀的教育思想影响着数学教育界人士的思维方式与行为方式，对全世界的数学教育都产生了极其深刻的影响。

何为数学化？弗翁指出："笼统地讲，人们在观察现实世界时，运用数学方法研究各种具体现象，并加以整理和组织的过程，我称之为数学化。"同时他强调数学化的对象分为两类，一类是现实客观事物，另一类是数学本身。以此为依据，数学划分为横向数学化和纵向数学化。横向数学化指对客观世界进行数学化，它把生活世界符号化，其一

般步骤为：现实情境—抽象建模——般化—形式化。今天新授课倡导的教学模式就是遵循这四个阶段进行的。纵向数学化是指横向数学化后，将数学问题转化为抽象的数学概念与数学方法，以形成公理体系与形式体系，使数学知识体系更系统、更完美。

目前一些教师或许在教育观念上还存在偏差，或许是应试教育大环境引发的短视功利心的驱动，常把数学化（横向）的四个阶段简约为最后一个阶段，即只重视数学化后的结果——形式化，而忽略得到结果的数学化过程本身。斩头去尾烧中段的结果，是学生学得快但忘得更快。弗赖登塔尔批评道：这是一种“违反教学法的颠倒”。也就是说，数学教学绝不能仅仅是灌输现成的数学结果，而是要引导学生自己去发现和得出这些结果。许多人持同样观点，美国心理学家戴维斯就认为：在数学学习中，学生进行数学学习的方式应当与做研究的数学家类似，这样才有更多的机会取得成功。笛卡儿与莱布尼兹说：“……知识并不是只来自一种线性的，也不是从上演绎到下的纯粹理性……真理既不是纯粹理性，也不是纯粹经验，而是理性与经验的循环。”康德说：“没有经验的概念是空洞的，没有概念的经验是不能构成知识的。”

“纸上得来终觉浅，绝知此事要躬行”，一方面数学化方式使学生的知识源自现实，也就容易在现实中被触发与激活。数学化过程能让学生充分经历从生活世界到符号化、形式化的完整过程，积累“做数学”的丰富体验，收获知识、问题解决策略、数学价值观等多元成果。另外，数学化对学生的远期与近期发展兼具重大意义。从长远看，要使学生适应未来职业周期缩短、节奏加快、竞争激烈的现代社会，使数学成为整个人生发展的有用工具，就意味着数学教育要给学生除知识外的更加内在的东西，这就是数学的观念、数学的意识。因为学生如果不是在与数学相关的领域工作，他们学过的具体数学定理、公式和解题方法大多是用不上的，但不管从事什么工作，从数学化活动中获得的数学式思维方式与看问题的着眼点、把现实世界转化为数学模式的习惯、努力揭示事物本质与规律的态度等，却会随时随地发生作用。

张奠宙先生曾举过一例，一位中学毕业生在上海和平饭店做电工，从空调机效果的不同，他发现地下室到 10 楼的一根电线与众不同，现需测知其电阻。在别人因为距离长而感到困难的时候，他想到对地下室到 10 楼的三根电线进行统一处理。在 10 楼处将电线两两相接，在地下室分三次测量，然后用三元一次方程组计算出了需要的结果。这位电工后来又做过几次类似的事情，他也因此很快得到了上级的赏识与重视。这位电工解决问题的方法，并不完全是曾经做过类似数学题的方法，而是得益于他用数学的意识。在现实生活中，有了数学式的观念与意识，我们就总想把复杂问题转化为简单问题，就总是试图揭示面临问题的本质与规律，就容易经济高效地处理问题，从而凸显出卓尔不群的才干，进而提高我们工作与生活的品质。

经历数学化过程，让学生亲历了知识形成的全过程，且在获取知识的过程中，学生要重建数学家发现数学规律的过程，在探究中对前行路径自主猜测与选择、自主分析与比较，在克服困境中坚守与转化，在发现解决问题的方法时获得智慧、满足与兴奋，在历经挫折后对数学式思维由衷欣赏，以及由此产生的对于数学情感与态度方面的变化，无一不是数学化带给学生生命成长的丰厚营养。波利亚说，只有看到数学的产生，按照数学发展的历史顺序或亲自从事数学发现时，才能更好地理解数学。同时，亲历形成过程得到的知识，在学生的认知结构中一定处于稳固地位，记忆持久、调用自如、迁移灵活，从而十分有利于学生当下应试水平的提高。除知识外，学生在数学化活动中将收获到包含数学史、数学审美标准、元认知监控、反思调节等多元成果，这些内容不仅有益于加深学生对数学价值的认识，更有益于增强学生的内部学习动机，增强用数学的意识与能力，这绝不是只向学生灌输成品数学所能达到的效果。

### （二）“数学现实”思想的内涵及其现实意义

新课程倡导引入新课时，要从学生的生活经验与已有的数学知识处创设情境，这种观点，早在半个世纪前的弗翁教育论著中已一再涉及。弗翁强调，教学“应该从数学与它所依附的学生亲身体验的现实之间去寻找联系”，并指出，“只有源于现实关系、寓于现实关系的数学，才能使学生明白和学会如何从现实中提出问题与解决问题，如何将所学知识更好地应用于现实”。弗翁的“数学现实”观告诉我们，每个学生都有自己的数学现实，即接触到的客观世界中的规律及有关这些规律的数学知识结构。它不但包括客观世界的现实情况，也包括学生使用自己的数学能力观察客观世界所获得的认识。教师的任务在于了解学生的数学现实并不断地扩展提升学生的“数学现实”。

“数学现实”思想，让我们知晓了创设情境的真正教学意图及创设恰当情境对于教学的重要意义。首先，情境应该源于学生的生活常识或认知现状，前者的引入方式可以摆脱机械灌输概念的弊端，现实情境的模糊性与当堂知识联系的隐蔽性更有利于学生进行数学化活动，有利于学生主意自己拿、方法自己找、策略自己定，有利于学生逐步积淀生成正确的数学意识与观念，后者是学生进行意义建构的基本要求。其次，教师有效教学的必要前提，是了解学生的数学现实，一切过高与过低的、与学生数学现实不吻合的教学设计必定不会有好的教学效果。由此，我们也就理解了新数运动失败的一个重要原因，那就是过分拔高了学生的数学现实；同时也就理解了为什么在课改之初，一些课堂数学活动的“幼稚化”会遭到一些专家的诟病，就是因为没有紧贴学生的数学现实贴船下篙。“如果我不得不把全部教育心理学还原为一条原理的话，我将会说，影响学习的唯一最重要因素是学生已经知道了什么。”奥苏贝尔的话恰好也道出了“数学现实”对教学的重要意义。

### （三）“有指导的再创造”思想的内涵及其现实意义

1.“有指导的再创造”中“再”的意义及启示

弗赖登塔尔倡导按“有指导的再创造”的原则进行数学教学，即要求教师要为学生提供自由创造的广阔天地，把课堂上本来需要教师传授的知识、需要浸润的观念变为学生在活动中自主生成、缄默感受的东西。弗氏认为，这是一种最自然、最有效的学习方法。这种以学生的“数学现实”为基础的创造学习过程，是让学生的数学学习重复一些数学发展史上的创造性思维的过程。但它并非亦步亦趋地沿着数学史的发展轨迹，让学生在黑暗中慢慢地摸索前行，而是通过教师的指导，让学生绕开历史上数学前辈们曾经陷入的困境和僵局，避开他们在前进道路上所走过的弯路，浓缩前人探索的过程，依据学生现有的思维水平，沿着一条改良修正的道路快速前进。所以，“再创造”的“再”的关键是教学中不应该简单重复当年的真实历史，而是要结合数学史的发明发现特点，结合教材内容，更要结合学生的认知现实，致力于历史的重建或重构。弗翁的理由是：“数学家从来不按照他们发现、创造数学的真实过程来介绍他们的工作，实际上经过艰苦曲折的思维推理获得的结论，他们常常以‘显而易见’或是‘容易看出’轻描淡写地一笔带过；而教科书则做得更彻底，往往把表达的思维过程与实际创造的进程完全颠倒，因而完全阻塞了‘再创造的通道’。”

我们不难看到，今天的许多常规课堂，教师由于课时紧、自身水平有限、工作负担重、应试压力大等原因，常常喜欢用开门见山、直奔主题的方式来进行教学，按“讲解定义—分析要点—典例示范—布置作业”的套路教学，学生则按“认真听讲—记忆要点—模仿题型—练习强化”的方式日复一日地学习。然而，数学课如果总是以这样的流程来操作，学生失去的，将是亲身体验知识形成中对问题的分析、比较，对解决问题中策略的自主选择与评判，对常用手段与方法提炼反思的机会。杜威说：“如果学生不能筹划自己解决问题的方法，自己寻找出路，他就学不到什么，即使他能背出一些正确的答案，百分之百正确，他还是学不到什么。”其实，学习数学家的真实思维过程对学生数学能力的发展至关重要。张乃达先生说得好：“人们不是常说，要学好学问，首先就要学做人吗？在数学学习中，怎样学习做人？学做什么样的人？这当然就是要学做数学家！要学习数学家的‘人品’。而要学做数学家，当然首先就要学习数学家的眼光！”这只能从数学家“做数学”的思维方式中去学习。

德·摩根就提倡这种“再创造”的教学方式。他举例说，教师在教代数时，不要一下子把新符号都解释给学生，而应该让学生按从完全书写到简写的顺序学习符号，就像最初发明这些符号的人一样。庞加莱认为:“数学课程的内容应完全按照数学史上同样内容的发展顺序展现给读者，教育工作者的任务就是让孩子的思维经历其祖先的经历，迅速通过某些阶段而不跳过任何阶段。”波利亚也强调学生学习数学应重新经历人类认识数学的重大几步。

例如，从1545年卡丹讨论虚数并给出运算方法，到18世纪复数广为人们接受，经历了两百多年的时间，其间包括大数学家欧拉都曾认为这种数只存在于“幻想之中”。教师教授复数时，当然无须让学生重复当初人类发明复数的艰辛漫长的历程，但可以把复数概念的引入，也设计成当初数学家遇到的初始问题，即“两数的和是10，积是40，求这两个数”，让学生面临当初数学家同样的困窘，这时教师让学生了解从自然数到正分数、负整数、负分数、有理数、无理数、实数的发展历程，以及数学共同体对数系扩充的规则要求。启发学生，对于前面的每一种数都找到了它的几何表征并研究其运算，那么复数呢，能否有几何表征方式？复数的运算法则又是什么样的？……这样的教学，既避免了学生无方向的低效摸索，又让学生在教师科学有效的引导下，像数学家一样经历数学知识的创造过程。在这一过程中，学生获得的智能发展，远比被动接受教师传授来得透彻与稳固。正如美国谚语所说：我听到的会忘记，看到的能记住，唯有做过的才入骨入髓。

2.“有指导的再创造”中“有指导”的内涵及现实意义

弗翁认为，学生的“再创造”，必须是“有指导”的。因为，学生在“做数学”的活动中常处于结论未知、方向不明的探究环境中。若放任学生自由探究而教师不作为，学生的活动极有可能陷入盲目低效或无效境地。打个比方，让一个盲人靠自己的摸索到他从来没有去过的地方，他或许花费太多的时间，碰到无数的艰辛，通过跌打滚爬最终能到达目的地，但更有可能摸索到最后还是无功而返。如果把在探索过程中的学生比喻为看不清知识前景的盲人，教师作为一个知识的明眼人，就应该始终站在学生身后的不远处。学生碰到沟壑，教师能上前牵引他；当他走反了方向时，上前把他指引到正确的道路上来，这就是教师“有指导”的意义。另外，并不是学生经过数学化活动就能自动生成精致化的数学形式定义。事实上，数学的许多定义是人类经过上百年、数千年，通过一代代数学家的不断继承、批判、修正、完善，才逐步精致严谨起来的，想让学生自己通过几节课就生成形式化概念是不可能的。所以说，学生的数学学习，更主要的还是一种文化继承行为。弗翁强调，“指导再创造意味着在创造的自由性与指导的约束性之间，以及在学生取得自己的乐趣和满足教师的要求之间达到一种微妙的平衡”。当前教学中有一种不好的现象，即把学生在学习活动中的主体地位与教师的必要指导相对立，这显然与弗翁的思想相背离。当然，教师的指导最能体现其教学智慧，体现在何时、何处、如何介入学生的思维活动中。

（1）如何指导——用元认知提示语引导。在“做数学”的活动中，对学生启发的最好方式是用元认知提示语，教师要根据探究目标隐蔽性的强弱、知识目标与学生认知结构潜在距离的远近，设计暗示成分或隐或显的元认知问题。一个优秀的教师一定是善用元认知提示语的教师。

（2）何时指导——在学生处于思维的迷茫状态时，不给学生充分的活动时空，不让学生经历一段艰难曲折的走弯路过程，教师就介入活动中，这不是真正意义上的数学化教学。在教师的过早干预下，也许学生知识、技能学得会快一些，但学生学得快忘得更快。所以，教师只有在学生一心求通而不得时点拨，在学生的思维偏离了正确的方向时引领，才能充分发挥师生双方的主观能动性，让学生在挫折中体会数学思维的特色与数学方法的魅力。

## 第三节　波利亚的解题理论

乔治·波利亚（George Polya，1887—1985），美籍匈牙利数学家，20 世纪举世公认的数学教育家，享有国际盛誉的数学方法论大师。他在长达半个世纪的数学教育生涯中，为世界数学的发展立下了不可磨灭的功勋。他的数学思想对推动当今数学教育的改革与发展仍有极大的指导意义。

### 一、波利亚数学教育思想概述

#### （一）波利亚的解题教学思想

波利亚认为“学校的目的应该是发展学生本身的内蕴能力，而不仅仅是传授知识”。在数学学科中，能力指的是什么？波利亚说：“这就是解决问题的才智——我们这里所指的问题，不仅仅是寻常的，它们还要求人们具有某种程度的独立见解、判断力、能动性和创造精神。”他发现，在日常解题和攻克难题而获得数学上的重大发现之间，并没有不可逾越的鸿沟。要想有重大的发现，就必须重视平时的解题。因此，他说“中学数学教学的首要任务就是加强解题的训练”，通过研究解题方法看到“处于发现过程中的数学”。他把解题作为培养学生数学才能和教会他们思考的一种手段与途径。这种思想得到了国际数学教育界的广泛赞同。波利亚的解题训练不同于“题海战术”，他反对让学生做大量的题，因为大量的“例行运算”会“扼杀学生的兴趣，妨碍他们的智力发展”。因此，他主张与其穷于应付烦琐的教学内容和过量的题目，还不如选择一个有意义但又不太复杂的题目去帮助学生深入发掘题目的各个侧面，使学生通过这道题目，如同通过一道大门进入一个崭新的天地。

比如，“证明根号 2 是无理数”和“证明素数有无限多个”就是这样的好题目，前者通向实数的精确概念，后者是通向数论的门户，打开数学发现大门的金钥匙往往就在这类好题目之中。波利亚的解题思想集中反映在他的《怎样解题》一书中，该书的中心思想是解题过程中怎样诱发灵感。书的一开始就是一张《怎样解题》表，在表中收集了一些典型的问题与建议，其实质是试图诱发灵感的《智力活动表》。正如波利亚在书中所写的：“我们的表实际上是一个在解题中典型有用的智力活动表”“表中的问题和建议并不直接提到好念头，但实际上所有的问题和建议都与它有关”。《怎样解题》包含四部分内容，即弄清问题、拟订计划、实现计划、回顾。“弄清问题是为好念头的出现做准备；拟订计划是试图引发它；在引发之后，我们实现它；回顾此过程和求解的结果，是试图更好地利用它。”波利亚所讲的好念头，就是指灵感。《怎样解题》一书中有一部分内容叫“探索法小词典”，从篇幅上看，它占全书的 4/5。“探索法小词典”的主要内容就是配合《怎样解题》，对解题过程中典型有用的智力活动做进一步解释。全书的字里行间，处处给人一种强烈的感觉：波利亚强调解题训练的目的是引导学生开展智力活动，提高等数学学才能。

从教育心理学角度看，《怎样解题》的确是十分可取的。利用这张表，教师可行之有效地指导学生自学，发展学生独立思考和进行创造性活动的能力。在波利亚看来，解题过程就是不断变更问题的过程。事实上，《怎样解题》中许多问题和建议都是“直接以变化问题为目的的”，如你知道与它有关的问题吗？是否见过形式稍微不同的题目？你能改述这道题目吗？你能不能用不同的方法重新叙述它？你能不能想出一个更容易的有关问题？一个更普遍的题？一个更特殊的题？一个类似的题？你能否解决这道题的一部分？你能不能由已知数据导出某些有用的东西？能不能想出适于确定未知数的其他数据？你能改变未知数或已知数，必要时改变两者，使新未知数和新的已知数更加互相接近吗？波利亚说：“如果不‘变化问题’，我们几乎不能有什么进展。”“变更问题”是《怎样解题》一书的主旋律。“题海”是客观存在的，我们应研究对付“题海”的战术。波利亚的“表”切实可行，给出了探索解题途径的可操作机制，被人们公认为“指导学生在题海游泳”的“行动纲领”。著名的现代数学家瓦尔登早就说过，“每个大学生，每个学者，特别是每个教师都应读读《怎样解题》这本引人入胜的书”。

### （二）波利亚的合情推理理论

通常，人们在数学课本中看到的数学是“一门严格的演绎科学”。其实，这仅是数学的一个侧面，是已完成的数学。波利亚大力宣扬数学的另一个侧面，那就是创造过程中的数学，它像“一门实验性的归纳科学”。波利亚说，数学的创造过程与任何其他知识的创造过程一样，在证明一个定理之前，先得猜想、发现这个定理的内容，在完全做出详细证明之前，还得不断检验、完善、修改所提出的猜想，还得推测证明的思路。在这一系列的工作中，需要充分运用的不是论证推理，而是合情推理。论证推理以形式逻辑为依据，每一步推理都是可靠的，因而可以用来肯定数学知识，建立严格的数学体系。合情推理则只是一种合乎情理的、好像为真的推理。例如，律师的案情推理、经济学家的统计推理、物理学家的实验归纳推理等，其结论都带有或然性。合情推理是冒风险的，它是创造性工作所赖以进行的那种推理。合情推理与论证推理两者互相补充、缺一不可。

波利亚的《数学与合情推理》一书通过历史上一些有名的数学发现的例子，分析说明了合情推理的特征和运用，首次建立了合情推理模式，开创性地用概率演算讨论了合情推理模式的合理性，试图使合情推理有定量化的描述，还结合中学教学实际呼吁“要教学生猜想，要教学生合情推理”，并提出了教学建议。这样就在笛卡儿、欧拉、马赫、波尔察诺、庞加莱、阿达玛等数学大师的基础上前进了一步，他无愧于当代合情推理的领头人。数学中的合情推理是多种多样的，而归纳和类比是两种用途最广的特殊合情推理。拉普拉斯曾说过：“甚至在数学里，发现真理的工具也是归纳与类比。”因而波利亚对这两种合情推理给予了特别重视，并注意到了更广泛的合情推理。他不仅讨论了合情推理的特征、作用、范例、模式，还指出了其中的教学意义和教学方法。

波利亚反复呼吁：只要我们能承认数学创造过程中需要合情推理、需要猜想的话，数学教学中就必须有教猜想的地位，必须为发明做准备，或至少给一点发明的尝试。对于一个想以数学作为终生职业的学生来说，为了在数学上取得真正的成就，就得掌握合情推理；对于一般学生来说，他也必须学习和体验合情推理，这是他未来生活的需要。他亲自讲课的教学片《让我们教猜想》荣获 1968 年美国教育电影图书协会十周年电影节的最高奖——蓝色勋带。1972 年，他到英国参加第二届国际数学教育会议时，又为英国开放大学录制了第二部电影教学片《猜想与证明》，并于 1976 年与 1979 年发表了《猜想与证明》和《更多的猜想与证明》两篇论文。怎样教猜想？怎样教合情推理？没有十拿九稳的教学方法。波利亚说，教学中最重要的就是选取一些典型教学结论的创造过程，分析其发现动机和合情推理，然后再让学生模仿范例去独立实践，在实践中发展合情推理能力。教师要选择典型的问题，创设情境，让学生饶有兴趣地自觉去试验、观察，得到猜想。“学生自己提出了猜想，也就会有追求证明的渴望，因而此时的数学教学最富有吸引力，切莫错过时机。”波利亚指出，要充分发挥班级教学的优势，鼓励学生之间互相讨论和启发，教师只有在学生受阻的时候才给些方向性的揭示，不能硬把他们赶上事先预备好的道路，这样学生才能体验到猜想、发现的乐趣，才能真正掌握合情推理。

### （三）波利亚论教学原则及教学艺术

有效的教学手段应遵循一些基本的原则，而这些原则应当建立在数学学习原则的基础上，为此，波利亚提出了下面三条教学原则：

1. 主动学习原则

学习应该是积极主动的，不能只是被动或被授式的，不经过自己的脑子活动就很难学到什么新东西，就是说学东西的最好途径是亲自去发现它。这样，会使自己体验到思考的紧张和发现的喜悦，有利于养成正确的思维习惯。因此，教师必须让学生主动学习，让思想在学生的头脑里产生，教师只起助产的作用。教学应采用苏格拉底回答法：向学生提出问题而不是讲授全部现成结论；对学生的错误不是直接纠正，而是用另外的补充问题来帮助暴露矛盾。

2. 最佳动机原则

如果学生没有行动的动机，就不会去行动。而学习数学的最佳动机是对数学知识的内在兴趣，最佳奖赏应该是聚精会神的脑力活动所带来的快乐。作为教师，你的职责是激发学生的最佳动机，使学生信服数学是有趣的，相信所讨论的问题值得下一番功夫。为了使学生产生最佳动机，解题教学要格外重视引入问题时，尽量诙谐有趣。在做题之前，可以让学生猜猜该题的结果，或者部分结果，旨在激发其兴趣，培养其探索习惯。

3. 循序阶段原则

“一切人类知识以直观开始，由直观进至概念，而终于理念。”波利亚将学习过程分为三个阶段：

①探索阶段——行动和感知；

②阐明阶段——引用词语，提高到概念水平；

③吸收阶段——消化新知识，吸取到自己的知识系统中。

教学要尊重学习规律，要遵循循序阶段性，要把探索阶段置于数学语言表达（如概念形成）之前，而又要使新学知识最终融汇于学生的整体智慧之中。新知识的出现不能从天而降，应密切联系学生的现有知识、日常经验、好奇心等，给学生“探索阶段”；学了新知识之后，还要把新知识用于解决新问题或更简单地解决老问题，建立新旧知识之间的联系，通过对新知识的吸收，使学生对原有知识的结构看得更清晰，进一步开阔眼界。波利亚说，遗憾的是，现在的中学教学里严重存在忽略探索阶段和吸收阶段而单纯选取概念水平阶段的现象。

以上三个原则实际上也是课程设置的原则，比如教材内容的选取和引入、课题分析和顺序安排、语言叙述和习题配备等问题也都要以学和教的原则为依据。有效的教学，除了要遵循学与教的原则外，还必须讲究教学艺术。波利亚明确表示，教学是一门艺术。教学与舞台艺术有许多共同之处，有时，一些学生从你的教态上学到的东西可能比你要讲的东西还多一些，为此，你应该做表演。教学与音乐创作也有共同点，数学教学不妨吸取音乐创作中预示、展开、重复、轮奏、变奏等手法。教学有时可能接近诗歌。波利亚说，如果你在课堂上情绪高涨，感到自己诗兴欲发，那么不必约束自己；偶尔想说几句似乎难登大雅的话，也不必顾虑重重。“为了表达真理，我们不能蔑视任何手段”，追求教学艺术亦应如此。

4. 波利亚论数学教师的思和行

波利亚把数学教师的素质和工作要点归结为以下十条：

（1）教师首要的金科玉律：自己要对数学有浓厚的兴趣。如果教师厌烦数学，那学生也肯定会厌烦数学。因此，如果你对数学不感兴趣，你就不要去教它，因为你的课不可能受学生欢迎。

（2）熟悉自己的科目——数学科学。如果教师对所教的数学内容一知半解，那么即使有兴趣，有教学方法及其他手段，也难以把课教好，你不可能一清二楚地把数学教给学生。

（3）应该从自身学习的体验中及对学生学习过程的观察中熟知学习过程，懂得学习原则，明确认识到学习任何东西的最佳途径是亲自独立地去发现其中的奥秘。

（4）努力观察学生的面部表情。觉察他们的期望和困难，设身处地把自己当作学生。教学要想在学生的学习过程中收到理想的效果，就必须建立在学生的知识背景、思想观点及兴趣爱好等基础之上。波利亚说，以上四条是搞好数学教学的精髓。

（5）不仅要传授知识，还要教技能技巧，培养思维方式以及良好的工作习惯。

（6）让学生学会猜想问题。

（7）让学生学会证明问题。严谨的证明是数学的标志，也是数学对一般文化修养的贡献中最精华的部分。倘若中学毕业生从未有过数学证明的印象，那他便少了一种基本的思维经验。但要注意，强调论证推理教学，也要强调直觉、猜想的教学，这是获得数学真理的手段，而论证则是为了消除怀疑。于是，教证明题要根据学生的年龄特征来处理，一开始给中学生教数学证明时，应该多着重直觉洞察，少强调演绎推理。

（8）从手头的题目中寻找一些可能用于解题目的特征——揭示出存在于当前具体情况下的一般模式。

（9）不要把你的全部秘诀一股脑儿地倒给学生，要让他们先猜测一番，然后你再讲给他们听，让他们独立地找出尽可能多的东西。要记住，“使人厌烦的艺术是把一切细节讲得详而又尽”（伏尔泰）。

（10）启发问题，不要填鸭式地硬塞给学生。

## 二、波利亚解题理论下的解题思维教学

作为一名数学家，波利亚在众多的数学分支领域都颇有建树，并留下了以他的名字命名的术语和定理；作为一名数学教育家，波利亚有丰富的数学教育思想和精湛的教学艺术；作为一名数学方法论大师，波利亚开辟了数学启发法研究的新领域，为数学方法论研究的现代复兴奠定了必要的理论基础。他的名著《怎样解题》中提到的解题过程，用来规范学生的数学解题思维很有成效。

### （一）弄清问题

一个问题摆在面前，它的未知数是什么，已知数又是什么？条件是什么，结论又是什么？给出条件是否能直接确定未知数？若直接条件不够充分，那隐性的条件有哪些？所给的条件会不会是多余的？或者是矛盾的呢？弄清这些情况后，往往还要画画草图、引入适当的符号加以分析。

有的学生没能把问题的内涵理解透，凭印象解答，贸然下手，结果可想而知。

一些学生对结果有四种可能惊诧不已，其实，若能按照乔治·波利亚《怎样解题》中说的画草图进而弄清问题，就能很快找出四种可能的答案。这不禁让笔者想起我国著名数学家华罗庚教授描写“数形结合”的一首诗：数形本是相倚依，焉能分做两边飞。数缺形时少直觉，形缺数时难入微。数形结合百般好，割裂分家万事休。几何代数统一体，永远联系莫分离。

### （二）拟订计划

大多问题往往不能一下子就迎刃而解，这时你就要找间接的联系，不得不考虑辅助条件，如添加必要的辅助线，找出已知量和未知量之间的关系，此时你应该拟订个求解的计划。有的学生认为，解数学题要拟订什么计划？会做就会做，不会做就不会做。其实不然，对于解题，第一步问题弄清后，要着手解决前，你会考虑很多，脑袋瓜会闪出很多问题，比如，以前见过它吗？是否遇到过相同的或形式稍有不同的此类问题？我该用什么方法来解答好呢？哪些定理公式我可以用呢？诸如此类的问题。

自问自答的过程，就是自我拟订计划的过程，若学生经常这样思维，并加以归纳，往往就能较快找到解决数学问题的最佳途径。

例如，在讲平面解析几何中的对称时，笔者常举以下几个例子让学生练习：

第一小题是点与点之间对称的问题；第二小题和第三小题是个相互的问题，一题是关于点对称最终求直线的问题，另一题是点关于直线对称最终求点的问题；第四小题是直线关于对称的问题，这个问题要考虑两直线是平行还是相交的情况。

通过以上四小题的分析归纳，学生再碰到此类对称的问题就得心应手了，能在最快的时间内拟出解决方案，即拟订好计划，少走弯路。另外对点、直线和圆的位置关系的判断也可以进行同样的探讨，做到举一反三。

在拟订计划时，有时不能马上解决所提出的问题，此时可以换个角度考量。譬如：

1. 能不能加入辅助元素后重新叙述该问题，或能不能用另外一种方法重新描述该问题。

2. 对于该问题，能不能先解决一个与此有关的问题，或能不能先解决和该问题类似的问题，然后利用预先解决的问题去拟订解决该问题的计划。

3. 能不能进一步探讨，保持条件的一部分舍去其余部分，这样的话对于未知数的确定会有怎样的变化；或者能不能从已知数据中导出某些有用的东西，进而改变未知数或数据（或者二者都改变），这样能不能使未知量和新数据更加接近，进而解答问题。

4. 是否已经利用了所有的已知数据，是否考虑了包含在问题中的所有必要的概念，原先自已凭印象给出的定义是否准确。

碰到问题一时无法解决时，采用上述的不同角度进行思考，应该很快就可以突破解决问题的瓶颈了。

### （三）实行计划

实施解题所拟订的计划，并认真检验每一个步骤和过程，必须证明或保证每一步的准确性，出现谬论或前后相互矛盾的情况，往往就在实行计划中没能证明每一步都是按正确的方向来走。例如，有这样的一个诡辩题，题目大意如下：龟和兔，大家都知道肯定是兔子跑得快，但如果让乌龟提前出发 10 米，这时乌龟和兔子一起开跑，那样的话兔子永远都追不上乌龟。从常识上看这个结论肯定错误，但从逻辑上分析，当兔子赶上乌龟提前出发的这 10 米的时候，是需要一段时间的，假设是 10 秒，那在这 10 秒里，乌龟又往前跑了一小段距离，假设为 1 米，当兔子再追上这 1 米，乌龟又往前移动了一小段距离，如此这样下去，不管兔子跑得有多快，只能无限接近乌龟而不能超过。这个问题问倒了很多人（当然包括学生），问题出在哪儿呢？问题就出在假设上，假设出现了问题，就是实行计划的第一步出现了错误，你能说结论正确吗？

这样的诡辩题在数学上很多，有的一开始就是错的，如同上面的例子；有的在解题过程中出现了错误；有的采用循环论证，用错误的结论当作定理去证明新的问题；还有的偷换概念。例如，学生经常讨论的一个例子：有3个人去投宿，一个晚上30元，3个人每人掏了10元凑够30元交给了老板，后来老板说今天优惠只要25元就够了，于是老板拿出5元让服务生退还给他们，而服务生偷偷藏起了2元，然后把剩下的3元钱分给了那3个人，每人分到1元。现在来算算，一开始每人掏了10元，现在又退回1元，也就是10–1=9，每人只花了9元钱，3个人每人9元，3×9=27元+服务生藏起的2元=29元，还有1元钱哪儿去了？这个问题就是偷换概念，不同类的钱数目硬性加在一起。所以，在实行计划中，检验是非常关键的。

### （四）回顾

最后一步是回顾，就是最终的检测和反思了。用结果进行检测，判断是否正确。这道题还有没有其他的解法？现在能不能较快看出问题的实质所在？能不能把这个结论或方法当作工具用于其他的问题的解答？等等。

一题多解、举一反三，这在数学解题中经常出现。

在今后遇到同样或类似问题时，能不能直接找到问题实质所在或答案，或许这就要看你的“数感”（对数学的感知感觉）如何了。例如，空间四边形四边中点依次连接构成平行四边形，有了这感觉，回忆起以前学的正方形、长方形、菱形、梯形或任意四边形的四边中点依次连接所成的图形，就不难得出答案了。

数学是一门工具学，某个问题解决了，要是所获得的经验或结论可以作为其他问题解决的奠基石，那么解决这个数学问题的目的就达到了。古人在长期的生产生活中，给我们留下了不少经验和方法，体现在数学上就是定理或公式了，为我们的继续研究创造了不少的先决条件，不管在时间上还是空间上，都是如此。我们要让学生认识到，教科书中的知识包含了很多前人的心血，要好好珍惜。

## 三、波利亚数学解题思想对我国数学教育改革的启示

### （一）更新教育观念，使学生由“学会”向“会学”转变

近几年，我国大力提倡素质教育，但应试教育体制的影响不是一天两天就能完全去除的。几乎所有的学生都把数学看成必须得到多少分的课程。这种体制造成片面追求升学率和数学竞赛日益升温的畸形教育，教学一味热衷于对数学事实的生硬灌输和题型套路的分类总结，而不管数学知识的获取过程和数学结论后面丰富多彩的事实。学生被动

消极地接受知识，非但不能融会贯通，把知识内化为自己的认知结构，反而助长了对数学事实的死记硬背和对解题技巧的机械模仿。

结合波利亚的数学思想及我国当前教育的形势，我国的数学教育应转变观念，使学生不仅“学会”，更要“会学”。数学教学既是认识过程，又是发展过程，这就要求教师在传授知识的同时，应把培养能力、启发思维置于更加突出的地位。教师应引导学生在某种程度上参与提出有价值的启发性问题，唤起学生积极探索的动机和热情，开展“相应的自然而然的思维活动”。通过对具体特殊情形的归纳或相似关联因素的类比、联想，孕育出解决问题的合理猜想，进而对猜想进行检验、反驳、修正、重构。这样学生才能主动建构数学认知结构，并培育对数学真理发现过程的不懈追求和创新精神，强化学习主体意识，促进数学学习的高效展开。

### （二）革新数学课程体系，展现数学思维过程

传统的数学课程体系，历来以追求逻辑的严谨性、理论的系统性而著称，教材内容一般沿着知识的纵方向展开，采用“定义—定理、法则、推论—证明—应用”的纯形式模式，突出高度完善的知识体系，而对知识发明（发现）的过程则采取蕴含披露的“浓缩”方式，或几乎全部略去，缺乏必要的提炼、总结和展现。

根据波利亚的思想，我国的数学课程体系应力图避免刻意追求严格的演绎风格，克服偏重逻辑思维的弊端，淡化形式、注重实质。数学课程目标不仅在于传授知识，更在于培养数学能力，特别是创造性数学思维能力。课程内容的选取，以具有丰富渊源背景和现实生动情境的问题为主导，参照数学知识逐步进化的演变过程，用非形式化展示高度形式化的数学概念、法则和原理。突破以科学为中心的课程和以知识传授为中心的教学观，将有利于思维方式与思维习惯的培养，并在某种程度上避免教师的生硬灌输和学生的死记硬背，教与学不再是毫无意义的符号的机械操作。课程体系准备深刻、鲜明生动地展开思维过程，使学生不仅知其然而且知其所以然，也是现代数学教育思想的一个基本特点。

波利亚的数学解题思想博大精深，源于实践又指导实践，对我国的数学教育实践及改革发展具有重要的指导意义。我们从中得到这样的启示：数学教育应着眼于探究创造，强调获取知识的过程及方法，寻求学习过程、科学探索和问题解决的一致性。它的根本意义在于培养学生的数学文化素养，即培养学生思维的习惯，使他们学会发现的技巧，领会数学的精神实质和基本结构，并提供应用于其他学科的推理方法，体现一种“变化导向的教育观”。

# 第四节　建构主义的数学教育理论

“在教育心理学中正在发生着一场革命，人们对它叫法不一，但更多地把它称为建构主义的学习理论。”20 世纪 90 年代以来，建构主义学习理论在西方逐渐流行。建构主义是行为主义发展到认知主义以后的进一步发展，被誉为当代心理学的一场革命。

## 一、建构主义理论概述

### （一）建构主义理论

建构主义理论是在皮亚杰（Jean Piaget）的“发生认识论”、维果茨基（Lev Vygotsky）的“文化历史发展理论”和布鲁纳（Jerome Seymour Bruner）的“认知结构理论”的基础上逐渐发展形成的一种新的理论。皮亚杰认为，知识是个体与环境交互作用并逐渐建构的结果。在研究儿童认知结构发展中，他还提到了几个重要的概念：同化、顺应和平衡。同化是指当个体受到外部环境刺激时，用原来的图式去同化新环境所提供的信息，以求达到暂时的平衡状态；若原有的图式不能同化新知识时，将通过主动修改或重新构建新的图式来适应环境并达到新的平衡的过程，即顺应。个体的认知总是在“原来的平衡—打破平衡—新的平衡”的过程中不断地向较高的状态发展和升级。在皮亚杰理论的基础上，各专家和学者从不同的角度对建构主义进行了进一步的阐述和研究。科恩伯格（Kornberg）对认知结构的性质和认知结构的发展条件做了进一步的研究；斯滕伯格（Sternberg）和卡茨（D. Katz）等人强调个体主动性的关键作用，并对如何发挥个体主动性在建构认知结构过程中的关键作用进行了探索；维果茨基从文化历史心理学的角度研究了人的高级心理机能与“活动”与“社会交往”之间的密切关系，并最早提出了“最近发展区”理论。所有的研究都使建构主义理论得到了进一步的发展和完善，为应用于实际教学中提供了理论基础。

### （二）建构主义理论下的数学教学模式

建构主义理论认为，学习是学生用已有的经验和知识结构对新的知识进行加工、筛选、整理和重组的过程，并实现学生对所获得知识意义的主动建构，突出学生的主体地位。所谓以学生为主体，并不是让其放任自流，教师要做好引导者、组织者，也就是说，我们在承认学生的主体地位的同时也要发挥好教师的作用。因此，以建构主义为理论基础的教学应注意：首先，发挥学生的主观能动性，把问题还给学生，引导他们独立思考和发现，并能在与同伴相互合作和讨论中获得新知识；其次，学生对新知识的建构要以原有的知识经验为基础；最后，教师要扮演好学生忠实支持者和引路人的角色。教师一方面要重视情境在学生建构知识中的作用，将书本中枯燥的知识放在真实的环境中，让学生去体验活生生的例子，从而帮助学生自我创造达到意义建构的目的；另一方面留给学生足够的时间和空间，让尽量多的学生参与讨论并发表自己的见解，学生遇到挫折时，教师要积极鼓励，他们取得进步时，要给予肯定并指明新的努力方向。

数学教学采用“建构主义”的教学模式是指以学生自主学习为核心，以数学教材为学生意义建构的对象，由数学教师担任组织者和辅助者，以课堂为载体，让学生在原有数学知识结构的基础上将新知识与之融合，从而引导学生生长出新的知识，同时，也帮助和促进学生数学素养、数学能力的提高。教学的最终目的是让学生能实现对知识的主动获取和对已获取知识的意义建构。

## 二、建构主义学习理论的教育意义

### （一）学习的实质是学生的主动建构

建构主义学习理论认为，学习不是老师向学生传递知识信息、学生被动地吸收的过程，而是学生自己主动地建构知识的意义的过程。这一过程是不可能由他人所代替的。每个学生都是在其现有知识经验和信念的基础上，对新的信息主动地进行选择加工，从而建构起自己的理解，而原有的知识经验系统又会因新信息的进入发生调整和改变。这种学习的建构，一方面是对新信息的意义的建构，同时又是对原有经验的改造和重组。

### （二）课本知识不是唯一正确的答案，学生学习是在自我理解基础上的检验和调整过程

建构主义学习理论认为，课本知识仅是一种关于各种现象的比较可靠的假设，只是对现实的一种可能更正确的解释，而绝不是唯一正确的答案。这些知识在进入个体的经验系统被接受之前是毫无意义可言的，学生只有通过在新旧知识经验间反复双向相互作用后，才能建构起它的意义。所以，学生学习这些知识时，不是像镜子那样去“反映”呈现，而是在理解的基础上对这些假设做出自己的检验和调整。

课堂中学生的头脑不是一块白板，他们对知识的学习往往是以自己的经验信息为背景来分析其合理性，而不是简单地套用。因此，关于知识的学习不宜强迫学生被动地接受，不能满足教条式的机械模仿与记忆，不能把知识作为预先确定的东西让学生无条件地接纳，而应关注学生是如何在原有的经验基础上经过新旧经验相互作用而建构知识含义的。

### （三）学习需要走向“思维的具体”

建构主义学习理论批判了传统课堂学习中“去情境化”的做法，转而强调情境性学习与情境性认知。他们认为学校常常在人工环境而非自然情境中教学生那些从实际中抽象出来的一般性的知识和技能，而这些东西常常会被遗忘或只能保留在学生头脑内部，一旦走出课堂在实际需要时便很难回忆起来，这些把知识与行为分开的做法是错误的。知识总是要适应它所应用的环境、目的和任务的，因此为了使学生更好地学习、保持和使用其所学的知识，就必须让他们在自然环境中学习或在情境中进行活动性学习，促进知和行的结合。

情境性学习要求给学生的任务要具有挑战性、真实性，稍微超出学生的能力，有一定的复杂性和难度。学生面对一个要求认知复杂性的情境，可以使之与自身的能力形成一种积极的不相匹配的状态，即认知冲突。学生在课堂中不应是学习老师提前准备好的知识，而是在解决问题的探索过程中，从具体走向思维，并能够达到更高的知识水平，即由思维走向具体。

### （四）有效的学习需要在合作中、在一定支架的支持下展开

建构学习理论认为，学生以自己的方式来建构事物的意义，不同的人理解事物的角度是不同的，这种不存在统一标准的客观差异性本身就构成了丰富的资源。通过与他人的讨论、互助等形式的合作学习，学生可以超越自己的认识，更加全面深刻地理解事物，看到那些与自己不同的理解，检验与自己相左的观念，学到新知识，改造自己的认知结构，对知识进行重新建构。学生在交互合作学习中不断地对自己的思考过程进行再认识，对各种观念加以组织和改组，这种学习方式不仅会逐渐提高学生的建构能力，而且有利于今后的学习和发展。

为学生的学习和发展提供必要的信息和支持。建构主义者称这种提供给学生、帮助他们从现有能力提高一步的支持形式为“支架”，它可以减少或避免学生在认知中不知所措或走弯路。

### （五）建构主义的学习观要求课程教学改革

建构主义认为，教学过程不是教师向学生原样不变地传递知识的过程，而是学生在教师的帮助指导下自己建构知识的过程。所谓建构是指学生通过新、旧知识经验之间的、双向的相互作用，来形成和调整自己的知识结构。这种建构只能由学生本人完成，这就意味着学生是被动的刺激接受者。因此在课程教学中，教师要尊重和培养学生的主体意识，创设有利于学生自主学习的课堂情境和模式。

### （六）课程改革取得成效的关键在于按照建构主义的教学观创设新的课堂教学模式

建构主义的学习环境包含情境、合作、交流和意义建构等四大要素。与建构主义学习理论及建构主义学习环境相适应的教学模式可以概括为：以学习为中心，教师在整个教学过程中起组织者、指导者、帮助者和促进者的作用，利用情境、合作、交流等学习环境要素充分发挥学生的主动性、积极性和首创精神，最终达到学生有效地实现对当前所学知识的意义建构的目的。在建构主义教学模式下，目前比较成熟的教学方法有情景性教学、随机通达教学等。

### （七）基础教育课程改革的现实需要以建构主义的思想培养和培训教师

新课程改革不仅改革课程内容，也对教学理念和教学方法进行了改革，探究学习、建构学习成为课程改革的主要理念和教学方法之一，期许教师胜任指导和促进学生的探究和建构的任务。教师自身要接受探究学习和建构学习的训练，建立探究和建构的理念，掌握探究和建构的方法，唯此才能在教学实践中自主地指导和运用建构教学，激发学生的学习兴趣，培养学生探究的习惯和能力。

## 第五节　我国的数学双基教学

在高等数学教学过程中，面对的学生基础严重不牢固。针对高等数学内容难度较大的特点，学生表现为学习困难，接受效果难以尽如人意。在这种情况下，在高等数学教学工作中，只有坚持以双基教学理论为指导，才能保证高等数学的教育教学质量。

### 一、我国双基教学理论的综述

1963 年，我国颁布了有中国特色的大纲《全日制小学算术教学大纲（草案）》，其可以概括为“双基 + 三大能力”，“双基”即基础知识、基本技能，三大能力包括基本的运算能力、空间想象能力和逻辑思维能力。1996 年，我国的高中数学大纲又把“逻辑思维能力”改为“思维能力”，原因是逻辑思维是数学思维的基础部分，但不是核心部分。在双基教学理论的指导下，我国学生的数学基础以扎实著称。进入 20 世纪，在“三大能力”的基础上，又提出培养学生提出问题、解决问题的能力。在中学阶段的数学教学中，提出培养学生数学意识、培养学生的数学实践能力和运用所学数学知识解决实际问题的能力。随着双基教学理论的提出和实践，对数学教育工作者提出了新的挑战，为此，研究和运用双基教学理论对实现数学教学的目标具有重要的意义，特别是在当前基础教育教学改革日益深入的今天，做好高等学校的数学教学与中学数学教学的衔接，具有重要的意义。本节以高等数学教学为例，对实践双基教学理论进行了论述。

### （一）双基教学理论的演进

双基教学起源于 20 世纪 50 年代，在 60—80 年代得到大力发展，80 年代之后，不断丰富完善。探讨双基教学的历程，从根本上讲，应考察教学大纲，因为中国教学历来是以纲为本。双基内容被数学教学大纲所确定，双基教学可以说来源于大纲导向。大纲中对知识和技能要求的演进历程也是双基教学理论的形成轨迹，双基教学根源于教学大纲，随着教学大纲对双基要求的不断提高而得到加强。所以，我们只要对教学大纲做一个历史性回顾，就不难找到双基教学的演进历程，此处不再展开。

### （二）双基教学的文化透视

双基教学的产生是有着浓厚的传统文化背景的，关于基础重要性的传统观念、传统的教育思想和考试文化对双基教学都有重要影响。

1. 关于基础的传统信念

中国是一个相信基础重要性的国家，基础的重要性多被作为一种常识为大家所熟悉，在沙滩上建不起来高楼，空中无法建楼阁，要建成大厦，没有好的基础是不行的。从事任何工作，都必须要有基础。没有好的基础不可能有创新。“现代社会没有或者几乎没有一个文盲做出过创新成果”常被视作“创新需要知识基础”的一个极端例子。这样的信念支配着人们的行动，于是，大家认为，中小学教育作为基础教育，打好基础、储备好学习后继课程与参加生产劳动及实际工作所必备的、初步的、基本的知识和技能是第一位的，有了好的基础，创新、应用才可以逐步发展。这样，注重基础也就成为自然的事情了。其实，学生是通过学习基础知识、基本技能这个过程达到一个更高境界的，不可能越过基础知识、基本技能类的东西而学习其他知识技能来达到创新能力或其他能力的培养。所以，通往教育深层的必由之路就是由基本知识、基本技能铺设的，双基内容应该是作为社会人生存、发展的必备平台。没有基础，就缺乏发展潜能，无论是中国功夫，还是中国书法，都是非常讲究基础的，正是这一信念为双基教学注入了理由和活力。

2. 文化教育传统

中国双基教学理论的产生、发展与中国古代教育思想分不开，首要的应是孔子的教育思想。孔子通过长期教学实践，提出“不愤不启，不悱不发”的教学原则。“愤”就是积极思考问题，还处在思而未懂的状态；“悱”就是极力想表达而又表达不清楚，就是说，在学生积极思考问题而尚未弄懂的时候，教师才应当引导学生思考和表达。又言

“举一隅，不以三隅反，则不复也”，即要求学生做到举一反三、触类旁通。这种思想和方法被概括为“启发教学”思想。如何进行启发教学，《学记》给出过精辟的阐述：“君子之教，喻也。道而弗牵，强而弗抑，开而弗达，道而弗牵则和，强而弗抑则易，开而弗达则思，和易以思，可谓善喻也。”意思是说要引导学生而不要牵着学生走，要鼓励学生而不要压抑他们，要指导学生学习门径，而不是代替学生做出结论。引而弗牵，师生关系才能融洽、亲切；强而弗抑，学生学习才会感到容易；开而弗达，学生才会真正开动脑筋思考，做到这些就可以说得上是善于诱导了。启发教学思想的精髓就是发挥教师的主导作用、诱导作用，教师向来被看作“传道、授业、解惑”的“师者”，处于主导地位。这种教学思想注定了双基教学中教师的主导地位和启发性特征。

关于学习，孔子有一句名言：“学而不思则罔，思而不学则殆。”意思是说光学习而不进行思考则什么都学不到，只思考而不学习则会陷入困境而无所获，主张学思相济，不可偏废。学习必须以思考来求理解，思考必须以学习为基础。这种学思结合思想用现在的观点看，就是创新源于思，缺乏思，就不会有创新，而只思不学是行不通的，表明学是创新的基础，思是创新的前提。故而，应重视知识的学习和反思。朱熹也提出：“读书无疑者，须教有疑，有疑者却要无疑，到这里方是长进。”这种学习理念对教学的启示是，要鼓励学生质疑，因为疑是学生动了脑筋的结果，“思”的表现，通过问，解决疑，才可以使学问长进。课堂上教师要多设疑问，故布疑阵，设置情境，不断用问题、疑问刺激学生，驱动学生的思维。这种学习思想为双基教学注入了问题驱动性特征。双基教学理论可以说是中国古代教育思想的引申、发展。

3. 考试文化对双基教学具有促进作用

学而优则仕，学习的目的是通过考试达到自身发展（如做官）的目标。到了现代，考试一样也是通往美好前程的阶梯。而考试内容绝大部分只能是基础性的试题，因为双基是有形的，容易考查，创新性、灵活性、应用能力的考查比较困难，尤其是在限定的时间内进行的考查。另外，教学大纲强调双基，考试以大纲为准绳，教学自然侧重于双基教学。考试重点考双基，那么各种教学改革只能是以双基为中心，围绕双基开展，最终是使双基更加扎实，使双基更加突出。这种考试要求与教学要求的相互影响，使双基教学得到加强。总之，双基教学理论既是中国古代教育思想的发扬，又深受中国传统考试文化的影响。新课改中，如何更新双基，如何继承和发扬双基教学传统，是一个需要认真思考的重要课题。

## 二、双基教学模式的特征分析

### （一）双基教学模式的外部表征

双基教学理论作为一种教育思想或教学理论，可以看作是以“基本知识和基本技能”教学为本的教学理论体系，其核心思想是重视基础知识和基本技能的教学。它首先倡导了一种所谓的双基教学模式，我们先从双基教学模式外显的一些特征进行描述刻画。

1. 双基教学模式课堂教学结构

双基教学在课堂教学形式上有着较为固定的结构，课堂进程基本呈“知识、技能讲授—知识、技能的应用示例—练习和训练”序状，即在教学进程中先让学生明白知识技能是什么，再了解怎样应用它，最后通过亲身实践练习掌握这个知识技能及其应用。典型教学过程包括五个基本环节：“复习旧知—导入新课—讲解分析—样例练习—小结作业”，每个环节都有自己的目的和基本要求。

复习旧知的主要目的是为学生理解新知、逾越新知障碍做知识铺垫，避免学生思维走弯路。在导入新课环节，教师往往是通过适当的铺垫或创设适当的教学情境引出新知，通过启发式的讲解分析，引导学生尽快理解新知内容，让学生从心理上认可、接受新知的合理性，即及时帮助学生弄清是什么、弄懂为什么；进而以例题形式讲解、说明其应用，让学生了解新知的应用，明白如何用新知；然后让学生自己练习、尝试解决问题，通过练习，进一步巩固新知，增进理解，熟悉新知及其应用技能，初步形成运用新知分析问题、解决问题的能力；最后小结一堂课的核心内容，布置作业，通过课外作业，进一步熟练技能，形成能力。所以，双基教学有着较为固定的形式和进程，教学的各个环节安排紧凑，教师在其中既起着非常重要的主导作用、示范作用或管理作用，同时也起着为学生的思维架桥铺路的作用，由此也产生了颇具中国特色的教学铺垫理论。

2. 双基教学模式课堂教学控制

双基教学模式是一种教师有效控制课堂的高效教学模式。双基教学重视基础知识的记忆理解、基本技能的熟练掌握运用，具体到每一堂课，教学任务和目标都是明确具体的，包括教师应该完成什么样的知识技能的讲授，达到什么样的教学目的，学生应该得到哪些基本训练（做哪些题目）、实现哪些基本目标、达到怎样的程度（如练习正确率），等等。教师为实现这些目标有效组织教学、控制课堂进程。正是有明确的任务和目标及必须实现这些任务和目标的驱动，教师责无旁贷地成为课堂上的主导者、管理者，导演着课堂中几乎所有的活动，使得各种活动都呈有序状态，课堂时间得到有效利用。课堂活动组织得严谨、周密、有节奏、有强度。整堂课的进程，有高度的计划性，什么时候讲、什么时候练、什么时候演示、什么时候板书、板书写在什么位置，都安排得非常妥当，能有效地利用上课的每一分钟。整堂课进行得井井有条，教师随时注意学生遵守课堂纪律的情况，防止和克服不良现象的发生，随时注意进行教学组织工作，而且进行得很机智，课堂秩序一般表现良好。

严谨的教学组织形式，不仅高效，而且避免了学生无政府主义现象的发生。双基教学注重教师的有效讲授和学生的及时训练、多重练习，教师讲课，要求语言清楚、通俗、生动、富于感情，表述严谨，言简意赅。在整堂课的讲授过程中，教师充分发挥主导作用，不断提问和启发，学生思维被激发调动，始终处于积极的活跃状态。在训练方面，以解题思想方法为首要训练目标，一题多解、一法多用、变式练习是经常使用的训练形式，从而形成了中国教学的"变式"理论，包括概念性变式和过程性变式。

双基教学模式下，教师具有的知识特征通过一些比较研究可以看到：我国教师能够多角度理解知识，如中国学者马力平的中美数学教育比较研究表明，在学科知识的"深刻理解"上，中国教师有明显的优势。

3. 双基教学的目标

双基教学重视基础知识、基本技能的传授，讲究精讲多练，主张"练中学"，相信"熟能生巧"，追求基础知识的记忆和掌握、基本技能的操演和熟练，以使学生获得扎实的基础知识、熟练的基本技能和较高的学科能力为其主要的教学目标。对基础知识讲解得细致，对基本技能训练得入微，使学生一开始就能对所学习的知识和技能获得一个从"是什么、为什么、有何用"到"如何用"的较为系统全面的、深刻的认识。在注重基础知识和基本技能教学的同时，双基教学从不放松和抵制对基本能力的培养和个人品质的塑造，相反，能力培养一直是双基教学的核心部分，如数学教学始终认为运算能力、空间想象能力、逻辑思维能力是数学的三大基础能力。可以说，双基教学本身就含有基础能力的培养成分和带有指导性的个性发展的内涵。

4. 双基教学的课程观

在"双基教学"理论中，"基础"是一个关键词。某些知识或技能之所以被选进课程内容，并不是因为它们是一种尖端的东西，而是因为它们是基础的，所以双基教学思想注重课程内容的基础性。同时，双基教学也注重课程内容的逻辑严谨性，在课程教材的编制上，体现为重视教学内容结构及逻辑系统的关系，要求教材体系符合学科的系统性（当然也要符合学生的心理发展特点），依据学科内容结构规律安排，做到先行知识的学习与后继知识的学习互相促进。双基教学的课程观也非常注意感性认识与理性认识的关系，教学内容安排要求由实际事例开始，由浅入深、由易到难、由表及里、循序渐进。

5. 双基教学理论体系的开放性

双基教学并不是一个封闭的体系，在其发展过程中，不断地吸收先进的教育教学思想来丰富和完善自身的理论。双基的内涵也是开放的，内容随时代的变化而变化。总之，从外部来看，双基教学理论是一种讲究教师有效控制课堂活动、既重讲授又重练习、既重基础又重能力、有明确的知识技能掌握和练习目标的开放的教学思想体系。

## （二）双基教学的内隐特征

深入课堂教学内部，借助典型案例，分析中国教师的教学实践和经验总结，我们不难看出，中国双基教学至少包含下面五个基本特征：启发性、问题驱动性、示范性、层次性和巩固性。

1. 启发性

双基教学强调双基，同时强调在传授双基的教学过程中贯彻启发式教学原则，反对注入式，主张启发式教学，反对“填鸭”或“灌输”式教学。各种教学活动及教学活动的各个环节都要求富有启发性，不论是教师讲解、提问、演示、实验、小结、复习、解答疑难，还是进行概念、定理（公式）的教学，复习课、练习课的教学，教师都讲究循循善诱，采取各种不同方式启发学生思维，激发学生潜在的学习动机，使之主动地、积极地、充满热情地参与到教学活动中。在讲解过程中，教师会“质疑启发”，即通过不断设疑、提问、反诘、追问等方式激发学生思考问题，通过释疑解惑，开通思路，掌握知识。在演示或实验过程中，教师会进行“观察启发”，借助实物、模型、图示等，组织学生观察并思考问题、探求解答。在新结论引出之前，根据内容情况，教师有时采用“归纳启发”，通过实验、演算先得出特殊事例，再引导学生对特殊材料进行考察获得启发，进而归纳、发现可能规律，最后获得新结论。有时会采用“对比启发”或“类比启发”，运用对比手法以旧启新，根据可类比的材料，启示学生对新知识做出大胆猜想。所以，贯彻启发式原则是双基教学的一个基本要求，也因此，双基教学具有启发性特征。

例如，有的教师为了讲清数学归纳法的数学原理，首先从复习不完全归纳法开始，指出它是人们用来认识客观事物的重要推理方法，并揭示它是一种可靠性较弱的方法，由此产生认知冲突，即当对象无限时，如何保证从特殊归纳出一般结论的正确性。接着，用生活实例——摸球进行类比启发：如果袋中有无限多个球，如何验证里面是否均为白球？显然不能逐一摸出来验证，由于不可穷尽，所以无法直接验证。但如果能有“当你这一次摸出的是白球，则下一次摸出的一定也是白球”这样的前提保证，则大可不必逐个去摸，而只要第一次摸出的是白球即可。至此，为什么数学归纳法只完成两步工作就可对一切自然数下结论的思想实质清晰可见。双基教学的启发性是教师创设的，是教师主导作用的充分体现，其关键是教师的引导和精心设计的启发性环境，启发的根本不在于让学生“答”，而在于让学生思考，或者简单地说在于让学生“想”。

所以，一堂课从表面上看，可能全是教师在讲解，学生在被动地听，可实际上，学生思维可能正在教师的步步启发下积极地活动着，进行着有意义的学习。事实上，双基教学中，教师的一切活动始终是围绕学生的思考或思维服务的，为学生积极思考提供、搭建脚手架，为学生建构新知识结构提供有效的、高效的帮助。双基教学讲究在教师的启发下让学生自己发现，这是一种特殊的探索方式，双基教学的这种启发性内隐特征决定了双基教学并不是教师直接把现成的知识传授给学生，而是经常引导学生去发现新知。问题驱动性双基教学强调教师的主导作用，整个教学过程经由教师精心设计，成为一环扣一环、由教师有效控制、逐步递进的有序整体，使得学生能轻松地一小步一小步地达到预定目标。在这个有序教学整体的开始，教师以提问方式驱动学生回顾复习旧知识，通过精心设计的问题情境，凸显“用原有的知识无法解决的新的矛盾或问题”，以此为契机，让学生体验到进一步探索新知的必要性，认识到将要研究和学习的新知是有意义和有价值的，继而将课题内容设计为一系列的矛盾或问题解决形式，并不断地以启发、提问和讲解的方式展开并递进解决。

事实上，在双基教学模式中，教师设计一堂课，经常会考虑如何用设计好的情境来呈现新旧知识之间的矛盾或提出问题，引起认知冲突，使学生有兴趣进行这节课的学习，同时也会考虑如何引入概念，如何将问题分解为一个个有递进关系的问题逐步深入，如何应用以往的工具和新引进的概念解决这些问题，等等，以驱使学生聚精会神地动脑思考，或全神贯注地听老师讲解分析解决问题或矛盾的方法或思想。双基教学中，教师并不是简单地将大问题拆分成一个个小问题机械地呈现给学生，而是经常将讲解的内容转变为问题式的提问或启发式问题，融合在教师的讲授中，这些提问或启发式问题具有强驱动性，促使学生思维不断地沿着教师的预设方向进行。教师这种不断地通过“显性”和“隐性”的问题驱动学生的思维活动（隐性的问题可以看作启发，显性的问题可以看作课堂提问），构成了中国双基教学的一大特色。

课堂上的显性提问，既能激发学生的思维，又能起到管理班级的作用，使学生的思想不易开小差。隐性启发式问题一方面使学生的思维具有方向，避免盲目性；另一方面为学生理解新知搭建了脚手架，使之顺着这些问题就能达到理解的巅峰。双基教学在解题训练教学方面，讲究“变式”方法。通过变式训练，明晰概念，归纳解题方法、技巧、规律和思想，促进知识向能力转化。教师不断在“原式”基础上变换出新问题，让学生仿照或模仿或基于“原式”的方法解决，使学生参与到一种特殊的探究活动中。这种以变式问题形式驱动学生课堂上的学习行为是中国双基教学的又一大特点。

双基教学课堂中大量的“师对生”的问题驱动（提问）使学生思维整堂课都处在一种高度积极的活动之中，思维高速运转，思维不断地被教师的各种问题驱动而推向主动思考的高潮，学生对课堂上教师显性知识的讲解基本能够听懂、弄明白，基本不存在疑问。学生也正是在有逻辑地一步步不停地思考老师的各种问题或听老师对各种问题的分析解释的过程中不自觉地建构着知识和对知识的理解，同时对教师的观点、思想和方法做着评价、批判、反思。从这个意义上讲，问题驱动特征导致双基教学是一种有意义学习，而不是机械学习、被动接受——从它的多启发性驱动问题的设置我们可以确信这一点。可见，双基教学教师惯常以问题、悬念引入，教学中教师充分发挥主导作用，不断地以问题驱动，激发学生思维，引起学生反思，使学生潜在而自然地建构知识和对知识的理解，并从中体验学科的价值、思想、观点和方法等。

2. 示范性

双基教学的另一个内隐特征是教师的示范性。表面上看，教师只是在做讲解和板书，而实际上，教学过程中教师不断地提供着样例，做着语言表达的示范、解题思维分析的示范、问题解决过程的示范、例题解法书写格式的示范及科学思维方式的示范等。如以例题形态出现的知识的应用讲解，教师每一个例题的讲解都分析得清楚、细致，这无形中给学生做了一个如何分析问题的示范、知识如何应用的示范、这类问题如何解决的示范和解决这类问题的方法的使用示范。教师对例题的讲解分析是双基教学中最典型、最重要的示范之一，教师做那么细致的分析，目的之一就是想为学生做个如何分析问题解决问题的示范，因为分析是解题中关键的一环，学会分析问题、解决问题也是教学目标之一。其中，典型例题的教学是展示双基应用的主要载体，分析典型例题的解题过程是让学生学会解题的有效途径，一方面学生能够理解例题解法，另一方面能从中模仿学习如何分析问题，能够仿照例题解决类似的变式问题。所以，双基教学中教师不仅是知识的讲授者，同时也是关于知识的理解、思考、分析和运用的示范者。难怪人们认为双基教学就是记忆、模仿加练习，这里，教师确实提供了各种供学生模仿的示范行为。

然而，如果教师不做出示范，学生就难以在较短的时间内学会这些技能。所以，双基教学中，教师的示范性特征使得基础知识、基本技能的学习掌握变得容易起来。其实，教师的示范作用十分重要，如刚刚开始接触几何命题的推理证明时，书写表达的示范、思路分析的示范对学生学习几何都是非常有益的。教师的示范是体现在师生共同活动中的，不是教师做学生看的表演式示范。另外，在许多时候，教师显性提问让学生回答，学生在表达过程中可能出现许多不太准确的表述，教师在学生回答过程中给予正确的重复，或者在黑板上板书学生说的内容时随时给予更正、规范，这使学生在回答问题的过程中出现的一些不准确的语言表达得到了修正，同时也为全班学生做了示范，这对学生准确地使用学科语言进行交流是非常有意义的。

3. 层次性

双基教学内隐着一种层次递进性。在教学安排方面，一般是铺垫引入，由浅入深，快慢有度，步子适当，有层次上升。概念原理分析讲解方面，教师多以举例说明，以例引理、以例释理，让学生历经从低层次直观感受到高层次概括抽象。这些都体现了双基教学的层次性。双基教学中，练习占有很重的分量，体现为双基训练。同样，练习安排也具有层次性。在双基训练设计中，习题分层次给出，分阶段让学生训练，先是基本练习，再是变式训练，然后是综合练习，最后是专题练习。学生通过各种层次的练习，能有效地实现知识的内化，理解各种知识状态，熟悉各种应用情境。

4. 巩固性

双基教学的另一个内隐特征是知识经常得到系统回顾，注重教学的各个关口的复习巩固。理论上讲，知识的理解、掌握和应用不是一回事，理解、领会了某种知识可能并不能掌握或记忆住这一知识，也可能不会运用这一知识，能不能掌握、记住记不住、会不会用与知识的学习理解过程不是一脉相承的，知识的掌握、应用是另一个环节。双基教学的一个优势就是集知识的学习理解与知识的记忆、掌握、应用于一体，新知识学习之后紧接着就是知识的应用举例，再接着是知识的应用练习巩固，从而达到这样一种效果：在应用举例中初步体会知识的应用、增强对知识的理解，在练习训练中进一步理解知识、应用知识、掌握知识、巩固知识，直至熟练运用知识。双基教学中，每堂课第一个环节一般都是复习，组织学生对已学的旧知识做必要的复习回顾，通常包括两类内容：（1）对前次课所学知识的温故，其目的在于通过这些知识再现于学生，使之进一步巩固；（2）作为新知识论据的旧知识，不是前次课所学知识，而是学生早先所学现在可能遗忘的，这种复习的目的在于为新知识的教学做充分的准备。

作为复习形式，以提问或爬黑板形式居多。最后一个教学环节是小结，每当新知识学习后教师都要进行小结巩固，即时复习，形式多样，包括对刚学习的新概念、新原理、新定律或公式内容的复述，新知识在解题中的用途和用法及解决问题的经验概括。这两个教学环节分别对旧知识和新知识起到巩固作用。教师通常采用复习课形式进行阶段性复习巩固，这种复习课的突出特点是大容量、高密度、快节奏。一个阶段所学习的知识技能被梳理得脉络清楚、条理，促使知识进一步结构化；大量的典型例题讲解，使知识的应用能力得到大大加强，问题类型一目了然，知识的应用范围一清二楚，知识如何应用得到进一步明晰。复习之后就是阶段性测验或考试，这为进一步巩固又提供了机会。至此，我们可以给双基教学一个界定：双基教学是注重基础知识、基本技能教学和基本能力培养的，以教师为主导，以学生为主体，以学法为基础，注重教法，具有启发性、示范性、层次性、巩固性特征的一种教学模式。

## 三、新课程理念下的双基教学

中国数学教育历来有重视双基的传统，同时社会发展、数学的发展和教育的发展，要求我们与时俱进地审视双基和双基教学。我们可以从新课程中新增的双基内容，以及对原有内容的变化（这种变化包括要求和处理两个方面）和发展上，去思考这种变化，去探索新课程理念下的双基教学。

### （一）如何把握新增内容的教学

这是教师在新课程实施中遇到的一个挑战。为此，我们首先要认识和理解为什么要增加这些新的内容，在此基础上，把握好“标准”对这些内容的定位，积极探索和研究如何设计和组织教学。

随着科学技术的发展，现代社会的信息化要求日益加强，人们常常需要收集大量的数据，根据新获得的数据提取有价值的信息，做出合理的决策。统计是研究如何合理地收集、整理和分析数据的学科，为人们制定决策提供依据；随机现象在日常生活中随处可见，概率是研究随机现象规律的学科，它为人们认识客观世界提供了重要的思维模式和解决问题的方法，同时为统计学的发展提供了理论基础。因此，可以说在高中数学课程中统计与概率作为必修内容是社会的必然趋势与生活的要求。例如，在高二“排列与组合”和“概率”中，有一个重要内容“独立重复试验”，作为这部分内容的自然扩展，本章中安排了二项分布，并介绍了服从二项分布的随机变量的期望与方差，使随机变量这部分内容充实一些。本章第二部分“统计”与初中“统计初步”的关系十分紧密，可以认为，这部分内容是初中“统计初步”的十分自然的扩展与深化，但由于学生在学习初中的“统计初步”后直到学习本章之前，基本上没有复习“统计初步”的内容，对这些内容的遗忘程度会相当高，因此，本章在编写时非常注意联系初中“统计初步”的内容来展开新课。再如，在讲抽样方法时重温：在初中已经知道，通常我们不是直接研究一个总体，而是从总体中抽取一个样本，根据样本的情况去估计总体的相应情况，由此说明样本的抽取是否得当对研究总体来说十分关键，这样就会使学生认识到学习抽样方法十分重要。又如在讲“总体分布的估计”时，注意复习初中“统计初步”学习过的有关频率分布表和频率分布直方图的有关知识，帮助学生学习相关的内容。另外，在学习统计与概率的过程中，将会涉及抽象概括、运算求解、推理论证等能力，因此，统计与概率的学习过程是学生综合运用所学的知识，发展解决问题能力的有效过程。

由于推理与证明是数学的基本思维过程，是做数学的基本功，是发展理性思维的重要方面；数学与其他学科的区别除了研究对象不同之外，最突出的就是数学内部规律的正确性必须用逻辑推理的方式来证明，而在证明或学习数学的过程中，又经常要用合情推理去猜测和发现结论、探索和提供思路。无论是学习数学、做数学，还是对于学生理性思维的培养，都需要加强这方面的学习和训练。因此，增加了“推理与证明”的基础知识。在教学中，可以变隐性为显性、分散为集中，结合以前所学的内容，通过挖掘、提炼、明确化等方式，使学生感受和体验如何学会数学思考方式，体会推理和证明在数学学习和日常生活中的意义和作用，提高等数学学素养。例如，可以通过探求凸多面体的面、顶点、棱之间的数量关系，通过平面内的圆与空间中的球在几何元素和性质上的类比，体会归纳和类比这两种主要的合情推理在猜测和发现结论、探索和提供思路方面的作用。通过收集法律、医疗、生活中的素材，体会合情推理在日常生活中的意义和作用。

### （二）教学中应使学生对基本概念和基本思想有更深的理解和更好的掌握

在数学教学和数学学习中，强调对数学的认识和理解，无论是基础知识、基本技能的教学、数学的推理与论证，还是数学的应用，都可以帮助学生更好地认识数学、认识数学的思想和本质。那么，在教学中应如何处理才能达到这一目标呢?

首先，教师必须很好地把握诸如函数、向量、统计、空间观念、运算、数形结合、随机观念等一些核心的概念和基本思想。其次，要通过整个高中数学教学中的螺旋上升、多次接触，通过知识间的相互联系，通过问题解决的方式，使学生不断加深认识和理解。比如对于函数概念真正的认识和理解，是不容易的，要经历一个多次接触的较长的过程，要通过提出恰当的问题，创设恰当的情境，使学生产生进一步学习函数概念的积极情感，帮助学生从需要认识函数的构成要素，需要用近现代数学的基本语言——集合的语言来刻画出函数概念，需要提升对函数概念的符号化、形式化的表示等三个主要方面来帮助学生进一步认识和理解函数概念。最后，通过基本初步函数——指数函数、对数函数、三角函数的学习，进一步感悟函数概念的本质，以及为什么函数是高中数学的一个核心概念。在“导数及其应用”的学习中，通过对函数性质的研究，再次提升对函数概念的认识和理解。这里，我们要结合具体实例（如分段函数的实例，只能用图象来表示等），结合作为函数模型的应用实例，强调对函数概念本质的认识和理解，并一定要把握好对于诸如求定义域、值域的训练，不能做过多、过繁、过于人为的技巧训练。

### （三）加强对学生基本技能的训练

熟练掌握一些基本技能，对学好数学是非常重要的。例如，在学习概念中要求学生能举出正、反面例子的训练；在学习公式、法则中要有对公式、法则掌握的训练，也要注意对运算算理认识和理解的训练；在学习推理证明时，不仅仅要关注在推理证明形式上的训练，更要关注对落笔有据、言之有理的理性思维的训练；在立体几何学习中不仅要有对基本作图、识图的训练，而且要从整体观察入手，从整体到局部与从局部到整体相结合，从具体到抽象、从一般到特殊的认识事物的方法的训练；在学习统计时，要尽可能让学生经历数据处理的过程，从实际中感受、体验如何处理数据，从数据中提取信息。在过去的数学教学中，往往偏重于单一的“纸与笔”的技能训练，以及对一些非本质的细枝末节的地方，过分地做了人为技巧方面的训练，如对函数中求定义域过于人为技巧的训练。特别是在对运算技能的训练中，经常人为地制造一些技巧性很强的高难度计算题，比如三角恒等变形里面就有许多复杂的运算和证明。这样的训练往往使学生感到比较枯燥，渐渐地学生就会失去对数学的兴趣，这是我们所不愿看到的。我们对学生进行基本技能训练，不是单纯为了让他们学习、掌握数学知识，还要在学习知识的同时，以知识为载体，提高他们的数学能力，以及对数学的认识。事实上，数学技能的训练，不仅是包括“纸与笔”的运算、推理、作图等技能训练，随着科技和数学的发展，还应包括更广的、更有力的技能训练。

例如，我们要在教学中重视对学生进行以下技能训练：能熟练地完成心算与估计；能正确地、自信地、适当地使用计算机或计算器；能用各种各样的表、图和统计方法来组织、解释，并提供数据信息；能把模糊不清的问题用明晰的语言表达出来；能从具体的前后联系中，确定该问题采用什么数学方法最合适，会选择有效的解题策略。也就是说，随着时代和数学的发展，高中数学的基本技能也在发生变化。教学中也要用发展的眼光、与时俱进地认识基本技能，而原有的某些技能训练，随着时代的发展可能被淘汰，如以前要求学生会熟练地查表，像查对数表、三角函数表等。当有了计算器和计算机以后，就能使用计算机或计算器这样的技能替代原来的查表技能。

### （四）鼓励学生积极参与教学活动，帮助学生用内心体验与创造来学习数学，认识和理解基本概念、掌握基础知识

随着数学教育改革的展开，无论是教学观念，还是教学方法，都在发生变化。但是，在大多数的数学课堂教学中，教师灌输式的讲授，学生以机械的模仿、记忆的方式对待数学学习仍然占有主导地位。教师的备课往往把教学变成一部“教案剧”的编导的过程，教师自己是导演、主演，最好的学生能当群众演员，一般学生就是观众，整个过程就是

教师在活动，这是我们最常规的教学，“独角戏”“一言堂”，忽略了学生在课堂教学中的参与。

为了鼓励学生积极参与教学活动，帮助学生用内心的体验与创造来学习数学，认识和理解基本概念，掌握基础知识，在备课时不仅要备知识，把自己知道的最好、最生动的东西给学生，还要考虑如何引导学生参与，应该给学生一些什么、不给什么、先给什么、后给什么，怎么提问，在什么时候提问，提什么样的问题才有助于学生认识和理解基本概念、掌握基础知识等。例如，在用集合、对应的语言给出函数概念时，可以首先给出有不同背景，但在数学上有共同本质特征（是从数集到数集的对应）的实例，与学生一起分析它们的共同特征，引导学生自己去用集合、对应的语言给出函数的定义。当我们把学生学习的积极性调动起来，学生的思维被激活时，学生会积极参与到教学活动中来，也就会提高教学的效率，同时，我们需要在实施过程中不断探索和积累经验。

**（五）借助几何直观揭示基本概念和基础知识的本质和关系**

几何直观形象，能启迪思路、帮助理解。因此，借助几何直观学习和理解数学，是数学学习中的重要方面。徐利治先生曾说过，只有做到了直观上理解，才是真正的理解。因此，在双基教学中，要鼓励学生借助几何直观进行思考、揭示研究对象的性质和关系，并且学会利用几何直观来学习和理解数学的这种方法。例如，在函数的学习中，有些对象的函数关系只能用图形来表示，如人的心脏跳动随时间变化的规律——心电图；在导数的学习中，我们可以借助图形，体会和理解导数在研究函数的变化（是增还是减、增减的范围、增减的快慢）等问题中，是一个有力的工具；认识和理解为什么由导数的符号可以判断函数是增是减，对于一些只能直接给出函数图形的问题，更能显示几何直观的作用了。再如，对于不等式的学习，我们也要注重形的结合，只有充分利用几何直观来揭示研究对象的性质和关系，才能使学生认识几何直观在学习基本概念、基础知识，乃至整个数学学习中的意义和作用，学会数学的思考方式和学习方式。

当然，教师对几何直观在数学学习中的认识要全面，除了需要注意不能用几何直观来代替证明外，还要注意几何直观带来的认识上的片面性。例如，对指数函数 $y$=ax（$a$>1）图象与直线 $y=x$ 的关系的认识，以往教材中通常都是以 2 或 10 为底来给出指数函数的图象。在这种情况下，指数函数 $y$=ax（$a$>1）的图象都在直线 $y=x$ 的上方，于是，便认为指数函数 $y=ax$（$a$>1）的图象都在直线 $y=x$ 的上方，教学中应避免类似的这种因特殊赋值和特殊位置的几何直观得到的结果所带来的对有关概念和结论本质认识的片面性和错误判断。

### （六）恰当使用信息技术，改善学生学习方式，加强对基本概念和基础知识的理解

现代信息技术的广泛应用正在对数学课程的内容、数学教学方式、数学学习方式等方面产生深刻的影响。信息技术在教学中的优势主要表现为快捷的计算功能、丰富的图形呈现与制作功能、大量数据的处理功能等。因此，在教学中，应重视与现代信息技术的有机结合，恰当地使用现代信息技术，发挥现代信息技术的优势，帮助学生更好地认识和理解基本概念和基础知识。例如在函数部分的教学中，可以利用计算机画出函数的图象，探索它们的变化规律，研究它们的性质，求方程的近似解，等等。在指数函数性质教学中，就可以考虑首先用计算机呈现指数函数 $y$=ax（$a$>1）的图象，在观察过程中，引导学生去发现当 $a$ 变化时，指数函数图象成菊花般的动态变化状态，但不论 $a$ 怎样变化，所有的图象都经过点（0，1），并且会发现当 $a$>1 时，指数函数单调递增，当 $a<1$，指数函数单调增减。

通过对高等数学的教学，发现制约高等学校高等数学教学质量的主要原因在于高等学校的数学教学与中学数学教学的脱节。这不仅表现在教材内容的衔接上，也表现在教学中对学生的要求上。例如，求的极限，学生在课堂上不能使用三角公式进行和差化积，问其原因，学生回答说："高中数学老师说和差化积公式不用记，高考卷子上是给出的，只要会用。"这样做的结果是学生的基础严重不牢固，给高等数学学习带来障碍和困难。为了解决这种基础教育与高等教育严重脱节的问题，高等学校的教育教学要进行改革，从教育教学理念到教材内容进行全方位的改革，使之与当前我国的教学改革相适应。实现基础教育改革的目标与价值，删减偏难、偏怪的内容和陈旧的内容，提升教学内容把精华的部分传授给学生。基础教育阶段要按照双基理论加强双基教学，为学生后续学习奠定必要的基础。

## 第六节　初等化理论

近几年来，随着国家对高等数学教育的重视和政策的调控及社会对专业技术人才的需求形势的变化，高校的规模得到了快速发展，招生范围也大大扩大，同时也带来了一个问题，就是学生的文化基础参差不齐。因为招生方式的多样化，单独招生和技能高考等使得一大批中职学生进入高校，这些学生成绩不好的背后，往往反映出他们的数学思维能力低、数学思想差的特点。让这样的学生学习突出强调数学思想的高等数学是比较困难的。高等数学教育属于高等教育，但是又不同于高等教育，它的根本任务是培养生

产、建设、管理和服务第一线需要的德、智、体、美全面发展的高等技术应用型专门人才，所培养的学生应重点掌握从事本专业领域实际工作的基本知识和职业技能，所以高等数学就是服务于各类专业的一门重要的基础课。数学在社会生产力的提高和科技水平的高速发展上发挥着不可估量的作用，它不仅是自然科学、科学和行为科学的基础，也是每个学生必须学会的一门学科，所以高等数学教育应重视数学课；但又因为高校教育自身的特点，数学课又不应过多地强调逻辑的严密性、思维的严谨性，而应将其作为专业课程的基础，采取初等化教学，注重其应用性，注重学生思维的开放性、解决实际问题的自觉性，以提高学生的文化素养和增强学生就业的能力。

首先从教材上来说，过去高校的高等数学教材不是很实用。进入 21 世纪后，教育部先后召开了多次全国高等数学教育产学研经验交流会，明确了高等数学教育要“以服务为宗旨，以就业为导向，走产学研结合发展的道路”，这为高等数学教育的改革指明了方向。在我们编写的高校教材中，就特别注意了针对性及定位的准确性——以高校的培养目标为依据，以“必需、够用”为指导思想，在体现数学思想为主的前提下删繁就简、深入浅出，做到既注重高等数学的基础性，适当保持其学科的科学性与系统性，同时更突出它的工具性；另外注意教材编排模块化，为方便分层次、选择性教学服务。在高等数学的教学上，也基本改变了过去重理论轻应用的思想和现象，确立了数学为专业服务的教学理念，强调理论联系实际，突出基本计算能力和应用能力的训练，满足了“应用”的主旨。

我们知道，数学在形成人类理性思维方面起着核心的作用。人们所受到的数学训练、所领会的数学思想和精神，无时无刻不在发挥积极的作用，成为取得成功的最重要的因素。所以，在高等数学的教学中，要尽可能多地渗透一些数学思想，让学生尽可能多地掌握一些数学思想。另外数学是工具，是服务于社会各行各业的工具，作为工具，它的特点应该是简单的。能把复杂问题简单化，才应该是真数学。因此，若能在高等数学教学中，用简单的初等的方法解决相应问题，让学生了解同一个实际问题，可以从不同的角度、用不同的数学方法去解决，对开阔学生的学习视野，提高学生学习数学的兴趣与能力都是很有帮助的。

微积分是高等数学的主要内容，是现代工程技术和科学管理的主要数学支撑，也是高校、高专各类专业学习高等数学的首选。要进行高校高专的高等数学的教学改革，对微积分的教学的研究当然是最重要的。所谓微积分的初等化，简单地说就是不讲极限理论，直接学习导数与积分，这种方法也符合人们的认知规律与数学的发展过程。纵观微积分的发展史，是先有了导数和积分，后有的极限理论。因为实际生活中的大量事物的变化率问题的存在，有各种各样的求积问题的存在，才有了导数和定积分；为使微积分理论严格化，才有了极限的理论。学习微积分，是由实际问题驱动，通过为解决实际问题而引入、建立起来的导数与积分概念的过程，使学生学会处理实际问题的思想与方法，提高他们举一反三用数学知识解决实际问题的能力。按传统的微积分内容的教学处理，数学的这种强烈的应用性被滞后了，因为它要先讲极限理论，而在初等化的微积分中，上来就从实际问题入手，撇开了极限讲导数、讲积分，正好顺应了用“问题驱动数学的研究、学习数学”的时代潮流。在初等化的微积分中，积分概念就是建立在公理化的体系之上的，由积分学的建立，学生可以了解数学的公理化体系的建立过程，学习公理化方法的本质，学习如何用分析的方法，从纷繁的事实中找出基本出发点，用讲道理的逻辑的方式将其他事实演绎并陈述出来，这对学生将来用数学是大有益处的，也为学生将来进一步学习打下了基础。

在初等化微积分中，通过对实际问题的分析引入了可导函数的概念，使学生清楚地看到，问题是怎样提出的、数学概念是如何形成的。类比中已经接触到的用导数描述曲线切线斜率的问题，使学生了解到同一个实际问题可以用不同的数学方式去解决的事实，从而可以有效地培养学生的发散思维及探索精神。在高等数学初等化教学中，极限的讲述是描述性的，而不用语言，难度大大下降，体现了数学的简单美。

## 一、微分学部分

微分学部分采取传统的“头”+初等化的“尾”的讲法，即“头”是传统的，按传统的方法，依次讲授“极限—连续—导数—微分—微分学的应用”，其中极限理论抓住无穷小这个重点，使学生掌握将极限问题的论证化为对无穷小的讨论的方法；“尾”引进强可导的概念，简单介绍可导函数的性质及与点态导数的关系，把“微分的初等化”作为微分学的后缀，为后面积分概念的引进及积分的计算奠定基础，架起桥梁。此举不仅在于使学生获得又一种定义导数的方法，更重要的是，可以揭去数学概念神秘的面纱，开阔学生的眼界，丰富学生的数学思维，激发学生敢于思考、探索、创造的自信心。

## 二、积分学部分

积分学部分采取初等化的头+传统的尾的讲法，积分学的“头”通过实际问题驱动，引入、建立公理化的积分概念，再利用可导函数的相关性质推出牛顿-莱布尼茨公式，解决定积分的计算问题。最后从求曲边梯形面积外包、内填的几何角度，介绍传统的积分定义的思想。这样处理的结果，不但使学生学习了积分知识，而且能够使学生学到数学的公理化思想，学到解决实际问题的不同数学方法，对培养、提高学生的数学素质是大有好处的。

由于导数、积分等概念就是一种特殊的极限，若将极限初等化了，导数、积分等自然就可以初等化了，所以可以不改变原来的传统的微积分讲授顺序，只是重点将极限概念初等化一下即可，也就是不用语言，而是用描述性语言来讲极限这样的讲法，虽然与传统的微积分教学相比没有太大的改动，却不仅能使学生对极限有关知识的学习有了描述性的、直观的认识，而且还能让学生对与极限有关问题进行证明，达到了培养、提高学生论证的数学思想与能力的目的。

在高等数学教学中，用简单的初等化方法教学，既符合高校教育的特点，满足高校学生的现状，也能让学生掌握应有的高等数学知识和数学思想，对提高学生的素质和将来的深造都能打下良好的基础。

# 第三章　高等数学教育教学创新研究

## 第一节　MOOC 对高等数学教育的影响

MOOC（大型开放式网络课程）作为一种新兴大规模在线教育模式，已在世界范围内引起一场教育革命。MOOC 的出现必将对高等数学传统教育方法、方式产生影响。本节阐述了 MOOC 的发展现状，深入分析其优势和不足，以及对高等数学教育的影响和启示。

MOOC 又被人们称为“慕课”，这一新潮流兴起于 2011 年秋，被媒体誉为“印刷术发明以来教育最大的革新”，2012 年更是被美国《纽约时报》称为“慕课元年”。多家专门提供慕课教育课程的供应商纷纷把握机遇展开竞争，Coursera、edX、Udacity（优达学城）是其中最有影响力的“三巨头”。但是随着网络技术的普及，MOOC 作为一种新型的网络学习课程资源，以其方便、快捷、成本低、效率高等诸多优点受到众多学生的青睐，传统教学的作用受到质疑，教学组织形式面临重大挑战，甚至人们开始怀疑大学存在的意义。在此背景下，全面准确地认识 MOOC，理性分析 MOOC 对大学高等数学教学改革发展的影响，审时度势地提出相应的应对措施是我们需要面对的问题。

### 一、MOOC 的简介及发展现状

所谓 MOOC 是 Massive（大规模的）、Open（开放的）、Online（在线的）、Course（课程）四个词的缩写，指大规模的网络开放课程。2008 年，Dave Cormier 与 Bryan Alexander 教授第一次提出了 MOOC 这个概念。顾名思义，MOOC 的主要特点是大规模、在线和开放。“大规模”表现在学生人数上，与传统课程只有几十个或几百个学生不同，一门 MOOC 课程动辄上万人。“在线”是指学习是在网上完成的，无须走出家门，不受时空限制。“开放”是指世界各地的学生只要有上网条件就可以免费学习优质课程，这些课程资源是对所有人开放的。

虽然 MOOC 这个概念 2008 年就已提出，但是直到 2011 年秋季才为世界所知，因为由 Sebastian Thrun 和 Peter Norvig 两位斯坦福大学教授在网上开设的“人工智能导论”课程真的做到了“上万人同修一门课”，世界为之振奋：来自 190 个国家的 16 万人注册，2.3 万人完成了课程学习，以往只为少数人享用的世界顶尖教育终于可以面向世界各个角落的平民。与自学不同，MOOC 提供了大学课堂身临其境的学习感受，老师、同学、听课、讨论、作业、考试，不打折扣，原汁原味。受人工智能课程成功的激励，2012 年 1 月，Thrun 辞去了斯坦福终身教授的职务，成立了 Udacity 公司，专做免费网络课程。而早在 2011 年秋天，其斯坦福的同事 Andrew Ng 和 Daphne Koller 就已经基于自己的 MOOC 实践，创办了 Coursera 公司，成为 MOOC 课程的平台提供商。这两家起源于以创业著名的斯坦福大学的 MOOC 公司都得到了硅谷的风险投资，也都有专业人员对其进行媒体传播，一时间新闻迭出，也让 MOOC 概念广为人知。在雄厚资金的资助下，两家公司扩展很快，以 Coursera 为例，在成立后的半年内就安排了近 30 门课程上线，到 2013 年 1 月，已经谈妥了 33 所大学 20 个门类的 213 门课程。如果只是斯坦福大学一家活跃还不足以引起世界震动，2012 年 5 月，一向在开放教育领域比较沉稳的哈佛大学宣布与麻省理工学院合作成立非营利性组织 edX，也向世界各国的顶尖大学发出邀请，一起在该平台上提供开放的优质课程。2013 年 5 月，包括清华大学、北京大学、香港大学、香港科技大学、京都大学和首尔大学 6 所亚洲高校在内的 15 所全球名校也宣布加入 edX。一时间，风起云涌。

MOOC 作为后 IT 时代一种新的教育模式，横跨了教育、科技、金融、社会等多个领域，其兴起的背后有着历史的必然性。MOOC 能在短时间内如此迅猛地发展，其原因引起人们的广泛关注。MOOC 的兴起与迅猛发展并非偶然，它与互联网与信息技术的进步、供应商提供的专业化平台、众多高校的加入和庞大的市场需求密不可分。首先，互联网技术的成熟及 MOOC 课程的教学模式已基本定型，使得照此模式批量制作课程成为可能。网络教育实践的教学经验能很好地运用到 MOOC 的教学中。其次，供应商提供的专业化平台是 MOOC 发展的技术保障，与之前的高校建立自己的开放教育资源网站不同，这些专业化的平台提供商的出现，降低了高校建设 MOOC 课程的门槛和经费投入，也刺激了更多的一流大学加入。再次，巨大的市场需求和大量风险基金、慈善基金进入，以及一些大学开始接受 MOOC 课程的证书，承认其学分。最后，企业界的支持和介入，阿里巴巴推出在线教育平台“淘宝同学”；腾讯在 QQ 平台中，增加了群视频教育模式；百度推出百度教育频道，开设“度学堂”；网易推出“公开课”和“云课堂”；新浪推出“公开课”。

## 二、MOOC 的优势和不足

与传统在线教育相比，MOOC 作为一种新型的学习和教学方法，具有独特的优势和特点：使用方便；费用低廉；覆盖的人群广；自主学习；学习资源丰富；绝大多数 MOOC 是免费的，课程的参与者遍布全球，同时参与课程的人数众多、课程的内容可以自由传播、实际教学不局限于单纯的视频授课，而是同时横跨博客、网站、社交网络等多种平台，这为 MOOC 的推广和传播奠定了良好的基础；可以跨越时区和地理位置的限制；可以使用任何你喜欢的语言；可以在目标人群中使用当前流行的网络工具；可以快速架设，一旦学员接到通知，马上就可以展开学习，是救灾援助式的紧迫式学习的最佳模式；可以分享与背景相关的任何内容；可以在更多非正式的情境下学习；可以跨越学科、公司或机构的连接；具有跨文化交流的优势，不同国家、地区的学生在论坛中讨论学习问题便于学生之间跨文化交流，加深相互理解；不需要任何学位，你就能学习你想学的任何课程；可以成为你的个人化学习环境或学习网络的一部分；能增强终身学习的能力，参与到 MOOC 中，你的个人学习技巧和对知识的吸收能力都将有所提高。

然而，MOOC 的劣势也不容忽视。由于学生的教育程度参差不齐，单一的课程内容很难同时满足数以万计的学生需求，必然会导致某些学生感到内容艰涩难懂而某些学生又觉得内容不够深入，教师也难以根据全世界大量甚至矛盾的反馈，实时调整教学内容。MOOC 的早期阶段，这一问题非常突出。在 Coursera 公司，在注册参加特隆和诺维格讲授的线上人工智能课的 16 万名学生中，最后只有 14% 念完了课程。而在 2012 年年初注册参加麻省理工学院的一门电路课程的 15.5 万名学生中，只有 2.3 万人完成了第一套习题，约 7000 人即 4.5% 通过了这门课程。Coursera 公司带领数万人完成一门大学课程都是一项不同寻常的成就，尤其想到每年在麻省理工学院只有 175 名学生修完这门课。但是中途退课的人数比例之高，凸显了让线上学生保持专注度和动力的难度之大。另外，网络课程教育互动性弱，教授者与学生之间没有面对面的眼神交流，不利于因材施教。

## 三、MOOC 对高等数学教育的影响和启示

MOOC 对高等数学教育的影响。MOOC 作为一种全新的、不同于传统的网络教学模式，具有广阔的发展空间和发展潜力。传统高等数学的教学方式不可避免地受到强烈的冲击，相信随着 MOOC 平台的不断发展和完善必将会对高等数学的教学和改革产生深远的影响。

MOOC 丰富的教学资源将迫使教师加强自己的教学设计，丰富自己的教学资源。

MOOC有着相当丰富的优质教学资源，大量名校名师推出的在线课程供学生自由选择而且上线速度非常快，学生可以依据自己的兴趣或发展需求，方便快捷地找到全球各学科最高水平的课程。这对传统高等数学的教学来说无疑是一个巨大的挑战，当前，高等数学课程设计老套，课程资源有限，开发缺少创新，不能满足学生的个性化培养需求，这一定程度上反映了高等数学教师的设计能力有待提高。

MOOC灵活的教学手段促使教师改进教学方式，提高教学技能。MOOC采取“翻转课堂”教学方式，采用优质的视频课程资源代替面对面讲授；学生在课堂外先观看和学习教师准备好的教学视频资料，课堂变成师生之间及学生之间研讨和解决问题的场所。翻转课堂颠覆了传统的教师讲授、学生作业的单向传授式、填鸭式教学。因此，教师应以此为契机，加强对教学方法、教学手段的研究和创新。反思如何进行学生的组织管理，如何引导学生深度参与，不断提高信息素养和教学技能。

MOOC颠覆了传统的教学时间和空间安排，不仅能够满足学生自主学习和个性化学习的需求，而且能够增强学生和教师之间的交流，并促进学生问题解决能力及创新能力的发展，而MOOC和已有的各种开放课程则为教师开展翻转课堂实践提供了内容和资源的质量保证。在这种情况下，与传统高等数学教学相比，MOOC在线学习具有一定的优势，因此，高等院校高等数学教学改革需要抓住这一良好的机遇，从内到外打破固守传统的教育理念和方法，改变教学模式，提高创新能力，深化课程与教学改革。

在MOOC迅猛发展和国际高等教育竞争日益加剧的背景下，高等数学教育迎来了难得的发展机遇，也面临着前所未有的挑战。首先，应把MOOC纳入大学学科发展规划中；设计高等数学自身的发展规划时，应当把握世界高等数学发展动态，及时关注，加强研究，有计划、分步骤地推出自己的发展规划，把高等数学MOOC建设纳入学校的学科中长期发展规划中。其次，把MOOC引入高等数学课堂教学中；作为教师应当认真学习、尽快掌握大学数学国家精品课程，世界名校视频公开课和中国大学视频公开课都是我们宝贵的教育资源，数学教师应该将这些开放的教育资源引入自己的课堂教学实践之中，提升课堂教学效果和人才培养质量，帮助学生掌握在线学习方法；MOOC的快速发展，使在线教育成为现实，但不是每一个学生都能从中受益，MOOC的使用不仅需要一定的英语基础、熟练的计算机操作技能，还需要一定的技巧和方法，教师有义务帮助学生掌握在线学习的方式和方法，不断提高学生的学习效率和效果。最后，继续探索高等数学教育模式的创新，将在校课堂学习与在线校外学习有机结合，既保持在线获取丰富多样知识资源的优势，又结合课堂学习的特点，强化知识的组成和结构的优化，创新在校学习与传统专业化培养的模式，实现教与学的有机结合。

# 第二节　高等数学教学应与学生专业相结合

高等数学是高等教育体系中最为重要的一门基础课程，高等数学的知识也几乎会应用到各专业基础技能课程与职业技能课程中。因此，高等数学教学与学生专业的结合，有利于将高等数学课程打造成专业基础课程之一，在高等数学课程中开展专业教育，结合学生专业进行授课，以提升高等数学教学的专业性。本节针对高等数学教学现状，从学生专业发展角度，探究如何实现高等数学与专业的融合，基于学生专业特点安排教学，以提升高等数学教学的质量。

如今，高等数学作为基础性课程，在工学、理学及经济学中具有重要作用，应该和专业课程紧密联系，以促进学生对专业课程的学习。

## 一、高等数学教学与学生专业融合的价值

高等数学课程作为重要的基础性课程，其知识点对学生专业学习尤为重要，无论是电子类专业还是物理类等理工科专业，学生在专业课程学习中都要运用高等数学知识。实现高等数学教学与学生专业的融合，旨在从各专业对高等数学知识的实际需求，改变常规的高等数学教学方式，突出学生的专业特点，选取合适的教材与教学资源，有针对性地展开高等数学教学，以奠定学生专业学习的基础。

对于经管类和理工类专业学生而言，高等数学既是一门公共基础课程，也是升学考试的必考科目，在后续专业课程教学中其知识点也会反复出现，学生在高等数学教学过程中，应掌握各种问题的处理技巧，了解数学思想及逻辑推理方法，以便学生在后续课程学习中不会太吃力。

所以，高等数学教学应转变传统的知识传授型教学，结合学生专业中的实际问题，将高等数学课程打造成专业基础课程，让学生学会应用高等数学知识，明白自己为什么要学习高等数学及高等数学在整个教学体系中的地位。

## 二、实现高等数学教学与学生专业相结合的教学模式研讨

基于诸多高等数学任课教师的反复思考与讨论，要达到社会对创新性思维及创新能力的高素质人才培育要求，高等数学应该实现教学方法及教学手段的改革，基于学生专业对高等数学知识点的要求，构建新的教学模式。

目前，高等数学教学改革主要有两种数学教学模式：一是分级分层教学模式；二是与专业课程紧密结合的教学模式。前者的优势在于能兼顾个性差异，有利于促进个体知识水平及数学能力的提升。在张涛等人对“高等数学分级”教学模式的论述中，如分层次教学的内容以及方法等，都更加注重个体个性的张扬，以个体为教学主体，重新设计分层教学目标及实施策略。后者则是要实现基础课程与专业课的融合，将学生数学能力培养与专业课教学紧密相连，认为高等数学应为专业课程教学服务，应遵循人本原则，在学生成才的主要过程中实现高等数学知识与专业课程知识的融合，引导学生应用数学知识解决专业实践问题。

这两种教学模式各有千秋，无论哪一种都离不开专业课程与数学课程的配合，而不是局限于高等数学的这一门课程教学。这就意味着，高等数学教学的改革，从后续专业课程学习需求、学生现阶段学习水平等入手，将课程教学内容与相应的专业知识点结合起来，从而挖掘高等数学知识的应用价值，保证高等数学教学能满足学生升学、专业学习等要求。

## 三、高等数学教学与学生专业融合的有效措施

首先，改变学生的学习方式，融合专业实际案例。高等数学教学改革面临的主要问题是学生学习兴趣低下、缺乏科学的学习方法。多数学生缺乏自主性，没有形成良好的学习习惯，在上课期间难以理解课程知识。因此，在教学改革中，教师在解析数学知识点时，可采用与专业相关的实例、例如在导数概念部分教学时，针对物理专业的学生可用变速展现运动的瞬时速度举例，面向电子专业学生可展示电容元件的电压与电流关系模型，通过不同的实例，引导学生练习专业知识理解导数，促使高等数学教学内容更加贴近专业。

其次，树立专业服务理念，注重课程体系革新。高等数学教师应在融合教学改革中，树立高等数学要为专业服务的教学理念，将高等数学课程的教学目标定位在为专业服务上，将自身学科优势作为专业课程开展的切入点，以打破高等数学课程自成体系的现状，走出数学学科的局限。高等数学教学一定要走入专业课程体系中，基于数学知识在相关专业问题中的应用，发挥高等数学在专业中的工具性价值，以专业作为课程教学改革的核心，在内容上有所取舍，明确各专业中高等数学课程的教学重点。例如，电子专业中，高等数学课程要为电子专业课程服务，针对频率相角关系、感应电动势模型等，讲解导数在电子专业中的应用，通过电路分析探究定积分的应用，在高等数学教学中引入专业课程知识。

最后，结合专业制定教学大纲，实现课程连贯性教学。专业教学中很多课程之间的教学都是连贯展开的，如物理专业中的原子物理及固体物理，还有理论力学、量子力学、电动力学等，高等数学课程与学生专业的融合，也要从后续专业课程的安排入手，制定符合专业知识结构与基础知识的教学大纲，合理安排高等数学的教学内容。高等数学教师应深入与专业教师沟通，并从学工处了解相关专业毕业学生的实际工作情况，通过专业学生发展的实际需求制定高等数学教学大纲。结合专业实际问题安排教学内容，以便学生从自身专业角度去学习与应用高等数学知识，切实将高等数学课程与专业课程联系起来，为学生今后的专业学习奠定优良基础。

综上所述，基于高等数学课程在专业课程体系中的价值，高等数学教学与学生专业的融合，要引入专业实例，不能孤立数学知识与专业知识，必须在讲解高等数学知识的时候，结合相应的专业知识问题，打破课程之间的隔阂。

## 第三节　数学建模思想与高等数学教学

高等数学教学过程中融入建模思想，可打破传统教学弊端，使学生在学习数学的过程中产生积极心理，同时还可以培养他们的综合素质。在教学过程中，加强对数学建模思想的渗透是十分必要的。教师应运用合理的教学手段，在高等数学解题过程中强化学生的建模思想，并不断引导学生对建模思想产生深度认知，从而促进学生数学思维等能力的提高。

高等数学是教育领域中较为重要的学科，很多专业中都会涉及相关的数学知识，也影响着很多领域的健康发展，但学习数学却有一定的难度，无论对教师的教学工作，还是对学生的学习状况都带来一定的问题。教育工作者也在不断探寻与研究，目的是获得更为有效的教学手段去开展数学教学工作。基于此，近年来数学建模思想受到广泛关注，逐渐被应用到教学活动中。数学建模思想的运用与渗透教学，可以帮助教师更好地传授知识。不仅使学生学到相关理论知识，同时，还可以培养学生的数学思维，提高他们解决问题的能力。基于数学建模思想的高等数学教学模式呈现的优越性，使它成为重要的研究课题。在实际教学过程中，如何更科学、有效地将其融入数学教学中，是本节主要论述的问题。

## 一、数学建模思想融入高等数学教学中的必要性

所谓“数学建模”，实质上就是创建数学模型的过程。数学模型通常指的是针对某一现象，为达成特定目标，基于其存在的客观规律，进行相对简化的假设，并结合相应的数学符号等获得数学结构。因此，数学建模的过程，其实是运用数学语言对一些现象进行阐述的过程。尤其在高等数学教学过程中，运用建模思想展开教学活动，受到了教育工作者的喜爱与认可。同时，基于建模思想的高等数学教学模式，成为我国教育领域极其重视的研究课题。而未来高等数学教学过程中，建模思想的渗透也会受到更多教育工作者的重视。将建模思想融入高等数学教学中，在一定程度上优化了传统课堂教学。在过去的很长一段时间内，教师在数学课堂教学过程中，不太注重学生能力的培养。他们在教学过程中，基于常规的教学方法，固化地向学生灌输一些理论知识，遏制了学生个性发展。随着社会的发展，国家不断进行教育改革，目的是加强对学生素质能力的培养。教师在开展教学过程中，有效渗透数学建模思想，可最大化调动学生学习的积极性，引导学生在学习数学的过程中，勇于提出自己的观点与问题，并帮助学生去寻找解决问题的办法。在这样的教学活动中，教师与学生间产生良好的互动，逐渐重视学生数学思维等能力的培养。而将数学建模思想融入高等数学教学中，可在很大程度上培养并提高学生的数学思维，使他们养成良好的逻辑思维，去解决在学习数学过程中遇到的问题。“授人以鱼，不如授人以渔”，教师通过数学建模思想的渗透，可以帮助学生掌握良好的学习方式，这对他们未来整个人生的学习与发展都有重要的意义。“活到老，学到老”，这种终身学习能力的培养是十分必要的。

## 二、基于建模思想的高等数学教学策略

在高等数学解题过程中强化建模思想。高等数学教学过程中，对数学各种题型的解题思路不限于单一途径。在解题过程中，可运用不同的方式去解决高等数学中的问题。常用的方式通常有函数、方程式等。而教师在教学过程中，也应重视引导学生去开动脑筋，运用不同的方式，从不同的角度去分析题型，从而找到最优的解题方式。教师也只有更为注重对学生数学思维能力的培养，才能从根本上提高学生对高等数学的学习兴趣。教师通过在课堂上对数学理论知识、概念等知识点的讲授，并结合相关的练习题来帮助学生理解、吸收知识，这样的教学方式是建模思想培养的初始环节，也是较为常用的形式。但学生在不断深入学习数学的过程中，终究会遇到相对复杂的题型，是他们无法解决的问题。通常部分学生遇到这样的困境时，会采用较为负面的形式去应对，他们会结

合原有的知识结构，利用“蒙”的策略去解题。但这也从侧面折射出学生已初步形成建模思想，因此，教师在教学过程中遇到这样的情形时，应巧妙地运用这样的解题思路与心理特征，对学生进行科学的引导，强化他们的建模思想。同时，教师“教”与学生“学”的过程中，会针对一些问题或解题思路等进行探讨，形成一定的互动。这时，教师应注意对建模思想的渗透，合理地传授学生一些解题技巧，帮助学生更好地理解数学知识。

例如，在数学解题中，运用画图可以帮助学生建立清晰的解题思路，教师应注重学生有效利用图形建模方式去学习数学。与此同时，表格的运用也是一种较为有效的解题方式，它可以帮助学生有效排列相关数学信息。运用表格建模方式去学习数学，可以帮助学生更有效地利用相关数学数据。教师通过对学生建模思想的渗透，会逐渐提高学生的学习质量与学习效果。当学生能对各种形式的建模熟练地运用时，教师要逐渐培养学生的规律逻辑性，它是高等数学教学过程中最为有效的方式，更能凸显建模思想运用到高等数学教学中的意义。高等数学中存在很多的题型，都需要探析其中相应的规律才可以获得解决问题的办法。因此，教师在高等数学教学过程中，可在引导学生解题的过程中运用数学建模思想。

加强引导学生对建模思想产生深度认知。学生处于学习阶段，是思维较为活跃的时期，也是各种能力培养与提升的黄金时期。他们的记忆能力、理解能力等都较为突出，所以教师在教学过程中，应采用科学的教学方法，去激发学生学习的兴趣与积极性，以促进学生能力的提升。若教师不能合理引导，学生无法进入学习氛围中，即使拥有再活跃的大脑，也无法更好地吸收知识。教师若仅是运用灌输式的教学行为去传授知识，无法达成良好的教学效果。教师应善于运用学生的心理发展特征与学习需求，去激发学生对高等数学学科的好奇心。在课堂教学过程中，能不断丰富教学手段，恰当地向学生抛出数学建模问题，引导学生借助原有的知识结构进行思考，积极地探究问题的答案，从而帮助他们找到解决问题的办法。当然，教师在向学生提出问题的过程中，要保证问题的有效性，这对培养学生的建模思想至关重要。

教师通过提出的相关问题，去引发学生对建模思想产生进一步的认知，这对日后学生在学习数学过程中运用建模思想解决问题具有重要的促进作用。同时，教师在高等数学教学过程中，要注意教学内容有效融合，在讲授相关知识点时科学地渗透建模思想。学生在课堂学习数学知识的过程中，通过与教师讨论相关问题，不断加深对建模思想的理解，从而更轻松地去学习数学。教师在向学生抛出有价值的问题时，一定会形成良好的课堂活动气氛，这样也会产生更有价值的讨论结果。

总之，教师基于建模思想展开高等数学教学活动，对学生学习数学具有重要的促进作用。教师应重视激发学生学习兴趣，引导学生在解题过程中运用数学建模思想，并逐渐加强引导学生对建模思想产生深度认知，提高他们的学习能力。

## 第四节 高等数学教学设计探讨

本节针对高等数学课程教学内容抽象、理论性强等特点，从高校高等数学课堂教学现状出发，结合自身的教学实践，阐述了优化教学设计，提升高等数学课堂教学效果的策略。

高等数学是全国各大高校必修的一门公共基础课。学习高等数学不但能为学生学习后续专业课打下基础，还能培养学生的逻辑思维、抽象思维，以及分析和解决问题的能力。笔者结合自己多年的教学实践，针对优化高等数学的教学设计，提出了几种行之有效的做法。

### 一、教学方法与手段设计

#### （一）板书与多媒体相结合

数学教学是思维活动中的教学，相对于其他学科而言，板书对学生的学习有特别重要的意义。所以大多数高等数学教师采取的还是传统的“黑板＋粉笔”教学方式。但是单纯的板书教学很难让学生产生学习兴趣，而完全使用多媒体教学，学生又没有足够的时间去思考和消化吸收。因此，为了更好地促进学生学习，提升教学效果，教师应该把板书和多媒体两种教学方式有机结合起来。根据教学内容，在授课过程中将板书教学与多媒体教学相结合。

#### （二）鼓励学生自主学习

大学生有较多自由支配的时间，而且他们的身心发展已趋于成熟，具有较强的自我控制力。因此，教师应该鼓励学生摆脱之前的被动学习，开始自主学习。教师只是作为学生学习的组织者、引导者和合作者，把课堂还给学生，充分发挥学生的主观能动性。

### 二、教学内容与过程设计

#### （一）故事导入，联系生活

教学实践表明，结合具体教学内容，合理引入数学史中的一些小故事，不仅能调节课堂气氛，还能调动学生的学习积极性，激发学生的求知欲望。下面结合教材中的教学案例来说明。

在讲解“定积分在几何上的应用”这节课时，可以给学生讲述百岁山矿泉水广告背后的一个凄美的爱情故事：52 岁的笛卡儿邂逅了 18 岁的瑞典公主克里斯汀。几天后，国王聘请他做了小公主的数学老师。每天形影不离的相处使他们彼此产生爱慕之心。国王知道后勃然大怒，下令将笛卡儿处死，经克里斯汀苦苦哀求后，国王将其流放回法国，克里斯汀公主也被父亲软禁起来。笛卡儿回法国后不久便染上重病，他日日给公主写信，都被国王拦截。笛卡儿在给克里斯汀寄出第十三封信后就气绝身亡了。这第十三封信内容只有短短的一个公式，国王看不懂，就把这封信交给一直闷闷不乐的克里斯汀，公主看到后，马上着手把方程的图形画出来，看到图形，她开心极了，因为方程的图形是一颗心的形状。

### （二）引入游戏，寓教于乐

考虑到现在的学生都是在“游戏”“玩乐”的环境中长大的，可以把游戏引入高等数学课堂中，让学生对内容更乐于接受，理解更加透彻。下面结合具体教学内容举教学实例来说明。实例：高等数学中有一些概念很相似，学生容易混淆，弄不清楚它们之间的差异。湖南电视台的《快乐大本营》节目中的“谁是卧底”这个游戏，考验的就是玩家描述相似事物的能力。如果我们把一般游戏里面用的一对事物用数学概念来代替，学生就需要对这些概念的特征非常熟悉，而且还需要分辨出两个概念的差异。学生通过自己的理解和描述找出卧底，赢得游戏，就会对概念的记忆更加深刻，理解更加透彻。比如：①游戏中的一对事物为“不定积分”和“定积分”。它们都是积分学的重要内容，两者的特征区别是比较明显的，不定积分的结果是一组函数，而定积分的结果是一个数。②游戏中的一对事物为“偏导数”和“方向导数”。它们描述的都是函数的变化率，两者的特征区别是按照定义方向导数是单侧导数，而偏导数是双侧导数。这样不仅能寓教于乐，还能大大提高学生的学习兴趣。

### （三）抽象内容通俗化

高等数学中的概念和定理比较抽象。教师如果用专业术语来讲授，听起来高大上，但是学生学起来感觉晦涩难懂，不感兴趣。如果我们改用通俗易懂、形象生动的语言进行讲解，不但能激发学生的学习兴趣，还能增强记忆效果，加大理解力度。长期的教学实践表明，在保证教学内容严谨的前提下，如果把抽象的内容尽可能采用幽默风趣、贴近生活的语言讲得通俗化、形象化，学生理解起来会更容易，学习数学的积极性也会更高。

### 三、考核评价方式设计

高等数学的考核方式以期末考试成绩为主，平时成绩形式化，明显存在重知识轻能力、重结果轻过程的现象。在高等数学的教学过程中应重视学生的主动性与参与度，为此将评价分为平时表现、课堂测试、期末考试三个维度。平时表现评价，占总成绩的40%，主要包括平时出勤、课堂表现、课后作业三个部分。对于课堂表现好、积极思考、踊跃回答问题、协助教学的学生应酌情加分以提高学生学习的主动性。课后作业主要考查学生的课外学习情况，对有一题多解、有自己独特见解和解后有反思的同学给予酌情加分以资鼓励。课堂测试评价占总成绩的10%。期末考试评价占总成绩的50%。减少期末考试所占总成绩的比重，学生就会重视对平时知识的积累，临时抱佛脚、突击的现象也会相应减少。

教学质量来源于课堂教学效果，课堂教学效果的提升是一个永恒的话题，需要教师在设计教学过程中不断摸索并付诸实践。教师要善于用一些技巧和手段来创设一种轻松、愉悦的课堂氛围，这样才能调动学生学习高等数学的兴趣，使学生的思维处于高度活跃的状态。只有学生从“要我学”变成“我要学”，主动回到课堂上来，教学质量才会提高。

## 第五节　管理学思维下的高等数学教学

高等数学教学除了要教学，还要做好管理，就是要做好计划、组织、领导、控制工作，从而为学生的全面成长成才打下基础，为把学生培养成德、智、体、美、劳全面发展的社会主义建设者和接班人打下基础。

### 一、基本认识

为了把学生培养成德、智、体、美、劳全面发展的社会主义建设者和接班人，使学生牢固地掌握数学知识，更有效地完成数学的目标，数学老师有必要在高等数学的教学中引入管理的理念和方法。

传统思维认为教师只是一名操作者，而事实上数学教师在传授数学知识的时候，是要履行计划、组织、领导、控制职能的，所以数学教师既是一名操作者，又是一名基层管理者。而教师作为一名基层管理者，要开展工作、做好工作，就要具备相当高的素质。

而一个人的素质包括品德、知识和能力三个方面。品德方面，教师应该有强烈的事业心、高度的责任感、创新意识、合作意识、竞争意识、实干精神、团队意识等。知识方面，教师应该有专业知识（数学专业知识）、教育学心理学知识、政治法律方面的知识、管理学知识等。能力方面，则需要有技术技能、人际技能、概念技能等。而素质的提高则依赖于学习、培训和个人实践、总结。

在具体的教学实践和管理实践中，采取以人为本的管理思想，把学生看成一个个有想法、有优点同时有不足的个体，尊重学生、理解学生、引导学生、激励学生，以身作则、身体力行带领学生前进。同时采取必要的量化管理指导思想。

在进行环境分析的时候，我们就会发现，班集体这个组织的外部环境既有国家、社会这样的大环境，又有学校这样的“小社会”环境。在学校这个相对较小的环境中，校园文化中既有社会主义核心价值观思想，又有雕刻在石头上的“问道”“弘毅”等中国传统文化的熏陶，还有布置在教学楼走廊上的一幅幅带有名人名言的画框，如门捷列夫的“天才就是终身不懈的努力”等。同时，作为教师，我们还要构建班集体、构建数学课堂的组织文化，在上课时提倡爱自学、爱提问、爱记笔记、爱讨论的学风，在学习中提倡疑难困惑处给出明确答案的思维方法，提倡既要总结知识又要进行题目训练（特别是花一定时间进行难题训练）的学习方法。这样来好好地改造一下学生的学风、态度、思维习惯等。

## 二、计划

班集体作为一个客观存在，数学课作为学生的必修课，设定数学课的目标是教师的首要任务。不管在何种环境下，目标一定要明确。从知识角度而言，就是传授一元函数的微积分、向量代数与空间解析几何、常微分方程、多元函数的微积分、级数论等。从能力角度而言，就是学生能用所学知识解决问题。数学竞赛是一个很好的测试。从具体素质角度而言，就是要培养学生守纪律、守规矩的意识，使其养成吃苦耐劳的品质，养成勤于思考、善于思考的品质，培养学生提出问题、分析问题、解决问题的能力，培养学生的团队意识、合作意识、竞争意识及追求卓越的精神。从分数角度而言，可以让学生自己设置测验和期末考试预期的分数。高等数学课的目标一般与教学大纲一致。而要实现这些目标，就要围绕以下内容开展工作：

首先要制订计划，计划是一切成功的秘诀。凡事预则立，不预则废。高等数学课的计划一般体现为一个授课计划，讲清楚总课时、参考书、成绩构成、每节的重点等。除此之外，计划还需明确习题练习、测验、辅导答疑等。习题练习要按照三轮的思路来进行，即上新课时来一遍重点知识练习，习题课来一轮练习，习题课可选择较难的题目（如南京工业大学陈晓龙、施庆生老师的《高等数学学习指导》的测试题A）来进行训练；期末前再来一轮习题训练（这一轮可以学生自出题和教师归纳的易错题为重点）。通过习题来消除学生心中知识点上的疑惑，巩固重难点，提高学生的具体素质。测验课要合理设计，容易题、中等题、难题都有一定比例。辅导答疑要安排时间，既鼓励学生自学查资料，又鼓励学生互帮互助，同时要明确最后不会的问题都可以到老师那里求助，而且一定要解决掉问题。这就是整体计划上的安排。

教师在教学中会遇到一系列的管理问题，如考试作弊、作业抄袭、上课不认真听讲、课后不认真作业、不预习、碰到难题不知道想办法解决等。这些问题都需要教师做出决策。教师要经常提出问题、分析问题、解决问题。在决策并执行的过程中，教师要克服优柔寡断、急于求成、求全求美等不良心理。在制定错误决策的时候，要学会承认，并做出检查、调整和改正，始终不离目标及为目标而制订各项计划。

## 三、组织

有了目标和计划，下面就是进行一定的组织设计。我们可以把班级分成若干学习小组，把班集体建设成一个学习型组织。学习小组的设计原则包括目标原则、分工协作原则、信息沟通原则、有利于学生成长和发展原则等。目标是很明确的，前面已经有清晰的阐述。通过第一次测验，选取班里四分之一到三分之一考试成绩相对较好的同学为学习小组长，其他同学根据相互关系分别加入小组长的小组里。班集体数学课专门建立一个微信群，训练小组长和组员的讲题意识。

在建立了学习小组后，要明确小组长的职责。小组长职责：讲解每章的测试题A，回答组员提出的问题，督促组员认真学习。这个小组长的职责要明确并告诉所有同学，确保所有同学都知晓。当然小组长不会的题目，最后都可以找教师来解决，教师是组长和组员的有力支撑。组员的职责：认真听组长讲解测试题A，搞懂每一道题目，轮流讲解测试题A，不懂的问题要向组长提问，也可以向教师提问。

## 四、领导

教师作为一名管理者，也是一名领导者。教师在带领学生实现目标的过程中，要调动学生的积极性和把握大方向，发挥好指导、协调、激励作用，指导学生的学习方法，解答学生心中的疑惑等；学生偏离目标了，要发挥好协调作用，把大家团结起来，好好学习、天天向上；学生遇到挫折、懈怠了，要以身示范激励学生。职权和威信是实施领导的基础。教师的职权是很清楚的。而教师的威信需要教师的品格、知识、能力及对学生的爱的情感来支撑。教师施加影响也有一系列方法，合理的要求、奖励性的辅助方式、考试不通过的惩罚方式、恰当的说明方式、本人的人品影响、鼓励号召等方式。可以说，方方面面都有可能影响到学生，促进学生内心发生变化，进而影响其行为，最终达成目标。在具体的领导中，教师既要关注学生是否完成作业、认真听讲、互帮互助等任务性安排，也要和学生共情、关注学生的所思所想。通过合适的领导方式，促进学生的任务完成度和心理成熟度，为完成目标打下基础。

没有信息交流，就没有领导行为。在领导实践中，沟通扮演着重要角色。没有沟通，人与人之间就无法协作；没有沟通，人就无法融入社会。要让学生学会自我沟通。只有更好地了解自己，才能更好地了解他人，才能更好地与人沟通。要提倡学生之间的沟通，教师也要和学生多沟通。沟通时要热情、真诚。教师要学会倾听（听清、注意、理解、掌握），知道学生的疑惑并能解决。班集体数学课堂要建立微信群，以便班级同学之间、师生之间沟通。

有些学生是理性的，有些学生认识还比较肤浅。此时，教师就要做好激励工作，激发学生好的行为。明确告知学生努力学习数学能够提高推理判断能力，能够提高学习能力，能在掌握数学知识的同时解决一些实际问题；要引导学生的价值观，使其养成勤劳的习惯，要好好学习、天天向上，要爱学习，懂得学习是一个人的看家本领；要鼓励学生敢于施展抱负，使学生明白将来总是要攻坚克难的，那何不趁现在以高等数学为练习，培养自己追求卓越克服困难的品质？何况现在还有老师带着大家一起进步呢？当然，学习成绩优秀也是有奖学金的。

## 五、控制

计划工作是明确目标，做出整体规划和部署；组织工作则是为完成目标做好组织结构搭建和明确岗位职责；领导工作则是做好指导、协调、激励工作，而控制工作就是检查、监督、确定班集体和各小组开展活动情况，为实现目标而进行的一系列纠偏活动。没有有效的控制，班集体就有可能偏离设置的目标，就有可能完不成目标。学生的素质就不能得到很好的提高。

控制的内容就是我们前面阐述的目标，就是我们前面讲到的学生自定的分数和教师认为应该达到的分数。而有效控制应该是这样的：鼓励学生自我控制，分数应该是有弹性的，教师对所有的学生都应该是公平的、客观的，控制应该是积极的，是确实为学生的成长成才考虑的。控制应该及时纠正偏差，比如作业不认真做、抄袭了，教师应该明确指出；上课不认真听讲了，教师也应该指出来；组长不讲解测试题了，要询问是否有问题并帮助其解决掉。所有的控制行为都来不得半点含糊，教师要老老实实、踏踏实实、勤勤恳恳地去做，要多做一些细小周密的工作。对于学生对控制的一些不理解要采取对策，要建立合理的控制系统（分数标准、学习态度标准等），可以让学生共同参与目标的制定，可以让班长、课代表、小组长都加入控制中。可以采取事前控制、事中控制、事后控制的方法，也可以采取预防性控制和纠正性控制的方法。

为了更好地控制，教师可以建立管理信息系统。这具体体现为记分册和学生的目标分数，通过这些分数来发现学生的问题，及时纠偏。作业做得不好要提醒，没有交的要提醒，做得好的要表扬，考试成绩也要公开。

作为一名高等数学教师，我们有明确的教学大纲，而为完成大纲要求，除了要认真备课、教学，还要认认真真地做好计划、组织、领导、控制工作，从而为学生的全面发展和成长成才添砖加瓦。

## 第六节　信息技术与高等数学教学的有效融合

随着计算机的普及和互联网的广泛运用，人们的生活发生了极大的改变，生活效率和生活质量也得到提升。本节就信息技术与高等数学教学的融合问题进行了意义及实践运用的相关阐述，为两者的融合提供一些建议和意见。

高等数学是大学基础课程的必修课，而传统的“教师讲、学生听”以及粉笔、黑板的介质，对高等常数的抽象、复杂的解题过程和思维方式的传输效率并不高，学生对高等数学的掌握也极为有限。信息技术的图文、动画等表现方式可以解决高等数学传输效率低下的问题。另外，信息技术的资源共享更是为高等数学教育创建了一条捷径，为学生和教师、学生和学生之间的交流沟通创造了更为便捷的途径，而且交流范围可以无限扩大。信息技术与高等数学的融合是未来高等数学教育发展的趋势和突破的方向。

### 一、信息技术与高等数学教学融合的意义

信息技术与高等数学的融合，可以把枯燥、难懂的数学问题转化成图文，甚至是动画，使数学变得有趣，帮助学生建立清晰的思维逻辑关系，高等数学也因为信息技术而变得“可爱”，学生自主学习的积极性得到了提升，教学效果自然就有了提升。互联网可以让数学的交流沟通扩大到全世界，对同一个问题的见解可以分享给世界，对学生而

言也可以听到来自全世界的声音。信息技术与高等数学的融合，为高等数学教育的学习和分享搭建了一个良好的平台。

## 二、信息技术与高等数学教育融合的实践运用

营造教学氛围，提高学生学习的积极性。数学学习本身就需要较强的思维能力，对高等数学的学习，这个能力需要达到一定的水平。有的学生总是觉得数学太难、关系太复杂，这时教师可以利用信息技术的图文、动画进行数学知识的动态演示，帮助学生理解相应的问题。比如，高等数学中二次曲面的学习，教师可以对二次曲面的定义、特点进行图文处理，把学生需要思考的过程通过动画演示出来。这样做有两个好处：第一，可以吸引学生的注意力；第二，动态的演示过程使数学问题形象化，学生对它的理解也就水到渠成了。

针对重点、难点进行“微课”设计。“微课”是教学领域中以信息技术为必要条件的创新教学成果，突破了传统教学的系统和冗长，提高了学生的学习兴趣，将教学问题进行“碎片”式处理。学生可以根据实际情况进行学习，降低对难点的恐惧，也不会因为一个难点而放弃课程学习，是高等数学教育中一种有效的教学方式。比如，在高等数学的学习中，一些难点总是会成为学生心里过不去的坎，花了很多时间和精力去研究，却依然没能获得好的效果。教师可以让学生实时反馈难点，再根据反馈的情况进行微课制作，这样学生可以利用课堂之外的时间去重点攻克自己学习中的难点，每个人面临的问题不一样，却可以同时进行难点的攻克，这是信息技术带来的极大便利。

利用交友软件，实现共同学习。信息技术让人与人之间的交流沟通不再受空间的限制，微信、QQ 等社交软件成了生活中重要的交流工具。同样，将其运用于数学教学中，能够加强学生与教师之间的沟通，甚至可以接受课堂校外其他教师的授课，与同学之间的交流也因此而变得便利起来。交流讨论对学生的自主学习能力的促进是非常有效的，高等数学教育可以利用信息技术交流平台，对学生开展个性化教学，知识的传达和讨论不再以教室这个固定的空间和有限的上课时间为主，而是以课外学生与学生、学生与教师之间的交流讨论为主。比如，在高等数学的教学中，教师可以针对不同的问题建立不同的交流群，学生根据自己的情况选择加入一个或者多个交流群，在里面可以向教师提出问题，也可以与同学进行讨论和研究，甚至可以利用互联网认识更多校外的学生，让学习群里的氛围更好、讨论更加激烈，对问题的研究也就更透彻。

教师教学能力与信息技术同步。通过上述分析，信息技术赋予高等数学教学的优势已经非常明显，而信息技术是否能在高等数学教育领域发挥促进作用与教师信息技术的

掌握有着非常密切的联系。只有教师具备相应的信息技术能力，才能在实践中将两者完美融合，达到提升高等数学教育的教学目标。因此，关于教师的信息技术培训需与信息技术的教育运用发展同步进行，如此教师才能及时做到信息技术在教学中的准确运用。

作为大学课程的必修课程，高等数学在大学学习中有着重要的地位，而教师在信息技术下进行相关的教学活动，可以显著提高学生知识的掌握程度和学习积极性。因此，高等数学教育工作者应重视两者的有效结合，创新教学方法，提高教学质量，综合提高学生的素质及学习能力，为学生以后的逻辑思维培养奠定基础。

## 第七节　高等数学教学的生活化

和初中、高中数学相比，高等数学这门课程具有较高的逻辑性，和实际生活关联没有那么密切，正因为如此，很多学生在学习这门课程的过程中会产生恐惧心理。这种恐惧心理对学生学习高等数学产生了消极影响，已经成为高等数学教学中所要解决的重要问题。对此，本节重点对高等数学教学生活化进行分析和研究，提出了几点有效开展高等数学生活化教学的策略，期望为同行提供一些借鉴和参考。

对于大部分大学生来说，高等数学是他们刚进入大学就要学习的一门基础课程，所以高等数学教学是至关重要的，不仅有助于培养学生的逻辑思维，对学生后续课程的学习也起着至关重要的作用。作为高等数学教师，在对学生进行课程知识讲解之前也一定反复强调本课程的重要性，然而越是强调，学生越容易产生恐惧心理、这对于学生学习高等数学会产生不利的影响。学生之所以会对高等数学课程的学习产生恐惧心理、主要是因为这门课程的理论性较高，也就是不贴近学生的实际生活，所以在对学生进行数学课程教学的过程中怎样才能减少学生的恐惧心理，让他们学习高等数学变得简单和轻松呢？高等数学教师可以采取生活化教学的方式来对课程知识进行讲解，拉近课程和实际生活的距离，这就可以减轻学生的恐惧心理。在下文中主要提出了几点有效实现高等数学教学生活化的策略。

### 一、收集与高等数学相关的实例

高等数学教学生活化其实就是理论联系实际，这与马克思主义的理论联系实际的思想路线是一致的，通过将理论知识和实际生活联系到一起可以有效避免高等数学教学思想僵化。所以大学数学教师要多收集一些和高等数学有关的生活实例，并在课程知识讲解的过程中将其和课本中的理论知识进行联系，从而让学生感受到所学内容和生活紧密相关，降低学习难度。因此，大学数学教师在对高等数学知识教学的时候，可以先列举几个和本次所要教学的内容相关的生活实例，这不仅能够增加学生对高等数学的了解和认识，还可以增加课堂教学的趣味性。

## 二、例题的讲解生活化

通常情况下，数学教师在对学生进行教学之前都会对课程的背景知识进行简单介绍，从而调动起学生对本课程的学习兴趣，但是学生对课程学习的积极性不会简单地因为一次背景知识介绍就持续到课程结束，所以数学教师在课堂教学中还需要采取例题生活化讲解的方式来激发学生对课程内容的学习兴趣，让他们主动参与到高等数学知识的学习过程中。

以高等数学中概率论及数理统计部分为例，这部分知识理解起来比较困难，这时数学教师可以列举一些学生身边的实际例子来作为题目，让学生进行分析和思考。在对几何概型进行讲解的时候，教师可以将男女同学在某一个时间段是否可以见面这个实际生活的问题来作为例题让学生进行分析和练习，通过列举这样的教学例子可以充分激发学生的学习兴趣，引发学生进行分析和思考。另外，在对全概率公式及逆概率公式进行讲解的时候，为了让学生熟练掌握这两个公式，数学教师可以将学生在学习过程中的付出和最后取得的成绩作为例子来讲解，这不仅可以让学生认识到所学数学知识和实际生活的密切相关性，而且还可以让学生知道努力学习的重要性，进而将高等数学教学生活化，提高课堂的教学质量。

## 三、选择合理的教材

因为高等数学是大部分大学生都要学习的课程，所以有很多高等数学的教材，选择不同的教材对学生高等数学教学的质量也会产生重大影响。这就要求数学教师选择合理的教材来进行高等数学教学。在对教材进行选择的时候，数学教师一定要充分考虑学生的实际情况，因为数学这门课程本身逻辑性和理论性就比较强，如果还选择一本单纯讲理论的教材会让学生在学习的过程中感觉非常困难及枯燥无聊，甚至会产生厌倦和恐惧的心理，所以数学教师在对高等数学教材选择的时候，应该选择一本既包含必要的定理及公式，还包括相关的背景知识及实际生活的案例的教材，这对实现高等数学教学生活化具有重要意义，同时还可以促使学生在学习的过程中产生良好的学习体验。

## 四、认真观察和思考生活

数学教师作为高等数学的教授者，在高等数学教学生活化的过程中发挥着至关重要的作用。为了实现教学生活化，教师需要在课堂教学中列举出合适的生活例子，这就需要数学教师能够对生活进行仔细观察和思考，找出和课程知识有关的生活实例，然后在课程教学的过程中为学生讲解，让他们意识到高等数学课程与实际生活之间的密切关系。可能在选择和列举生活实例的过程中，不同的人会对相同的一件事产生不同的看法和理解，但是通过列举生活实例可以引导学生进行分析和思考，提升学生的自主学习能力。此外，学生作为高等数学的学生，也要对生活进行认真观察和思考，因为教师自身的时间和精力是十分有限的，而且高等数学的实际应用有很多，只是依靠教师来寻找和讲解太过有限，因此，学生必须在学习的过程中多注意观察、多加思考、多问为什么，善于从生活中去寻找问题、发现问题。

综上所述，在过去的高等数学教学中存在较多的问题，这就要求数学教师开展生活化教学，降低高等数学的学习难度，促进学生对课程知识的认识和理解，加深学生对高等数学知识的印象，从而提高高等数学的教学质量。

# 第四章　高等数学教学方法研究

## 第一节　高等数学中案例教学的创新方法

新时期教育对教育质量和教学方法提出了越来越高的要求，高校的教育理念不断更新，教学方法不断发展。高等数学作为高校重要的必修基础课，可以培养学生的抽象思维和逻辑思维能力。目前学生学习高等数学的积极性较低，对此，教师可以应用案例教学法，该方法灵活、高效、丰富，能充分提升学生的主观能动性和积极性，增强其分析问题和解决实际问题的能力，培养学生的创新思维，实现新时期创新人才培养目标。本节就高等数学中案例教学的创新方法展开了论述。

### 一、高等数学案例教学的意义

案例教学是一种以案例为基础的教学方法：教师在教学中发挥设计者和激励者的作用，鼓励学生积极参与讨论。高等数学案例教学是指在实际教学过程中，将生活中的数学实例引入教学，运用具体的数学问题进行数学建模。高校高等数学教育过程的最终目标是增强学生的实践意识、实践技能和开创性的应用能力。在数学教学中引入案例教学打破了以理论教学为主的传统数学教学方法，取而代之的是数学的实用性，是尊重学生自主讨论的数学教学理念。

案例教学法在高等数学教育中的运用，弥补了我国教师传统教学方法的不足，将数学公式和数学理论融入实际案例，使之更具现实性和具体性、让学生在这些实际案例的指导下，理解解决实际问题的数学概念和数学原理。案例研究法还可以提高大学生的创新能力和综合分析能力，使大学生很好地将学习知识融入现实生活。此外，案例研究法还可以提高教师的创新精神。教师通过个案研究获得的知识是内在的知识，能在很大程度上把“不安全感”的知识融入教育教学。它有助于教师理解教学中出现的困境，掌握对教学的分析和反思。教学情境与实际生活情境的差距大大缩小，案例的运用也能促使教师更好地理解数学理论知识。

## 二、高等数学案例教学的实施

案例教学法在高等数学教学中的应用，不仅需要师生之间的良好合作，而且需要有计划地进行案例教学，以及在不同实施阶段的相应教学工作。在交流知识内容之前，应该先介绍一下，并且可以深化案例，让学生更好地了解相关知识。案例深化了主要内容，使学生更好地理解讲课内容。在此基础上，引导学生将定义和句子扩展到更深层次。提前将案例材料发给学生，让学生阅读案例材料，核对材料和阅读材料，收集必要的信息，积极思考案例中问题的原因和解决办法。

案例教学的准备，包括教师和学生的准备。教师根据学生的数学经验和理论知识，编写数学建模案例。在应用案例研究法时，首先，概述案例研究的结构和对学生的要求，并指导学生组成一个小组。其次，学生应具备教师所具备的数学理论知识。教学案例的选择要紧密联系教学目标，尊重学生对知识的接受程度，最终为数学教学找到切实可行的案例。教学案例的选择和设计应考虑到这一阶段学生的数学技能、适用性、知识结构和教学目标。通常理论知识是抽象的，这些知识、概念或思想是从特定的情况中分离，并用符号或其他方式表达出来。在应用案例教学法时，应注意教学内容和教学方法，强调数学理论内容的框架性，计算部分可由计算机代替。例如，在极限课程的教学中，应强调来源和应用的限制，而不强调极限的计算。

## 三、高等数学案例教学的特点

### （一）鼓励学生独立思考，具有深刻的启发性

在教学中，教师指导学生独立思考，组织讨论和研究，做总结。案例研究能刺激学生的大脑，让注意力随时间调整，有利于学生保持最佳的精神状态。传统的教学方式阻碍了学生的积极性和主动性，而案例教学则是让学生思考和塑造自己，使教学充满生机和活力。在进行案例研究时，每个学生都必须表达自己的观点，分享自身经历。一是取长补短，提高沟通能力；二是起到激励作用，让学生主动学习、努力学习。案例教学的目的是激发学生独立思考和探索的能力，注重培养学生的独立思考能力，锻炼学生分析和解决问题的思维方式。

### （二）注重客观真实，提高学生的实践能力

案例教学的主要特点是直观性和真实性，由于课程内容是一个具体的例子，所以它呈现一种形象、一种直观生动的形式，向学生传达一种沉浸感，便于学习和理解。学生将在一个或多个具有代表性的典型事件的基础上，形成完整严谨的思维、分析、讨论、

总结，提高自身分析问题、解决问题的能力。众所周知，知识不等于技能，知识应该转化为技能。目前，大多数大学生只学习书本知识，忽视了实践技能的培养，这不仅阻碍了自身的发展，也使其将来很难进入职场。案例研究就是为这个目的而诞生和发展的。在校期间，学生可以学习和解决许多实际的社会问题，从理论转向实践，提高实践技能。

高等数学案例教学运用数学知识和数学模型解决实际问题。案例教学法在高等数学教学中的应用，使学生充分发挥自身主观能动性，能有效地将现实生活与高等数学知识结合起来，使学生在学习过程中获得更好的学习效果，提高了高等数学教学质量。案例教学可以创设学习情境，激发学生学习数学的兴趣，提高学生的实践能力和综合能力，促进学生的创新思维，实现新时期培养创新人才的目标。

## 第二节 素质教育与高等数学教学方法

### 一、改革传统的讲授法，探索适应素质教育的新内容和新形式

目前高等数学课堂教学仍采用“灌输式”的传统讲授教学方法，课堂上以教师的讲解为主，主要讲概念、定理、性质、例题、习题等内容，而以学生的学习为辅，学生主要跟随教师抄笔记、套公式、背习题。因而，学生在教学活动中的主体地位被忽视，被动地接受教师讲授的内容，完全失去了学习的积极性和主动性，无法培养学生的创新思维和创新能力，与素质教育的目标背道而驰。但由于高等数学的知识大多是一些比较抽象难懂的内容，学生的学习难度较大，学生对高等数学的基础理论的把握及对基本概念定理的理解离不开教师的讲解，因此讲授式的教学方法在我们的教学实践中起着相当重要的作用，这就要求我们必须肯定讲授式的教学方法在高等数学教学中的应用并对其进行必要的革新，使其符合素质教育培养目标的需要。

#### （一）优化教学内容，制定合理的教学大纲，为讲授法提供科学的理论体系

高等数学是大学生的一门公共基础课程，可根据学生的生源情况及各专业学生学习的实际需求，在保持内容全面的同时，优化教学内容，对其进行适当的选择和精简，制定符合各类专业需求的科学合理的教学大纲，并建立符合素质教育要求的高等数学课程体系，力求使学生充分理解和系统掌握高等数学的基本理论及其应用。为此，可将高等数学分为四类，即高等数学 A 类、高等数学 B 类、高等数学 C 类、高等数学 D 类，其总学时数分别为 90 学时、80 学时、72 学时、70 学时。教学内容的侧重点各不相同，如此制定的教学大纲适应高等教育发展的新形势，适合教学实际情况，有利于提高学生的

数学素质，培养学生独立的数学思维能力。

### （二）运用通俗易懂的数学语言讲授相对抽象的数学概念、定理和性质

教学过程中，学生学习高等数学的最大障碍就是对高等数学兴趣的弱化。开始学习高等数学时，大部分学生都以积极热情的态度来认真学习，但在学习的过程中，当遇到相对抽象的数学概念、定理和性质时，就会失去热情，产生挫折感，甚至有少部分学生因而丧失学习高等数学的兴趣。因此，为了激发学生学习高等数学的兴趣，可以把抽象的理论用通俗易懂的语言表述出来，将复杂的问题进行简单的分析，这样学生理解起来就相对容易一些，从而使讲授法获得更好的效果。

### （三）利用现代化的教学手段，创新讲授法的形式

长久以来，高等数学的教学一直都是“一块黑板＋一支粉笔”的单一的教师讲授方式，这种教学方法使学生产生一种错觉，认为高等数学是一门枯燥乏味、抽象难懂，与现实联系不紧的无关紧要的学科，致使学生不喜欢高等数学，丧失了对数学的学习兴趣。那么如何才能培养学生的学习兴趣，提高学生的数学文化素养，进而提高教学质量呢？这就需要我们在不改变授课内容的前提下，运用现代化的教学手段，以多媒体教室为载体，实现现代教育技术与高等数学教学内容的有机结合，使学生获得综合感知，摆脱枯燥的课本说教，使课堂教学变得生动形象、易于接受，进而提高学生学习的主动性。

## 二、运用实例教学缩短高等数学理论教学与实践教学的距离

讲授法作为高等数学教学的主要方式，有其合理性和必要性。但是讲授法也有一定的弊端，容易造成理论和实践的脱节。因此，在强调讲授法的同时，必须辅之以其他教学方法来弥补其不足，以适应素质教育对高等数学人才培养目标的需要，而实例教学法就是比较理想的选择。

### （一）实例教学法的基本内涵及特点

实例教学法就是在教学过程中以实例为教学内容，对实例所提出的问题进行分析假设，启发学生对问题进行认真思考，并运用所学知识做出判断，进而得到答案的一种理论联系实际的教学方法。

与传统的讲授法相比，实例教学法有自己的特点。实例教学法是一种启发、引导式的教学方法，改变了学生被动地接受教师所讲内容的状况，将知识的传播与能力培养有机地结合起来。实例教学法可以将抽象的数学理论应用到实际问题中，学生可以充分认识到这些知识在现实生活中的运用，从而深刻理解其含义并牢固掌握其内容。它能激发

学生的学习兴趣，活跃课堂气氛，培养学生的创造能力和独立自主解决实际问题的能力，是一种帮助学生掌握和理解抽象理论知识的有效方法。

### （二）实例教学法在高等数学教学中的应用及分析

在教学过程中引入与教学内容相关的简单的数学实例可作为实例教学法融入高等数学教学中。这些数学实例可以来自实际生活的不同领域，通过解决这些具体问题，不仅能够让学生掌握数学理论，而且能够提高学生学习数学的兴趣和信心。

下面通过一个简单的实例说明如何把实例教学融入高等数学的教学中。

实例：函数的最大值最小值与房屋出租获最大收入问题。函数的最大值最小值理论的学习是比较简单的，学生也很容易理解和掌握，它的思想和方法在现实生活中有着广泛的应用。例如，光线传播的最短路径问题、工厂的最大利润问题、用料最省问题及房屋出租获得最大收入问题，等等。

我们在讲到这一部分内容时，可以给出学生一个具体实例。例如，一房地产公司有50套公寓要出租，当月租金定为1000元/套时，公寓会全部租出去，当月租金每套增加50元时，就会多一套公寓租不出去，而租出去的公寓每月每套需花费100元的维修费，试问房租定为多少可以获得最大收入？此问题贴近学生的生活，能够激发学生的学习兴趣，调动学生解决问题的积极性和培养学生独立创新的能力。在教学过程中，我们首先给出学生启发和暗示，然后由学生自己来解决问题。此时学生对解决问题的积极性很高，大家在一起讨论，想办法，查资料，不但出色地解决了问题，找到了答案，而且在这一系列的活动中，学生对所学的知识有了更深入的理解和掌握，取得了事半功倍的学习效果。可见，实例教学法在高等数学的教学中起着举足轻重的作用。

结合素质教育的要求和高校大学生对学习高等数学的实际需要，通过多种教学方法的综合运用，多方面培养学生数学理论水平和实践创新能力，使学生的数学素养和运用数学知识解决实际问题的能力得到整体提高，进而为国家培养更加优秀的复合型人才。

## 第三节　职业教育高等数学教学方法

高等数学在高职生的教学中有很重要的地位，然而大部分针对高职学生的高等数学教材主要还是理论性的内容，和社会生活联系并不多。非专业的学生不愿意学习高等数学，这种情况比较普遍，要改变这个现状需要高等数学教师对教学内容和教学方法进行变革，从而提高教学质量。

笔者在一所职业大学从事高等数学的教学，在教学中发现职业大学的学生数学水平参差不齐，部分学生可以说是零基础，学生主观上对高等数学有畏学情绪，客观上高等数学难度较大，需要更严密的思维，因此高等数学是一门比较难教的课程。数学是所有自然科学的基础课程，是一门既抽象又复杂的学科，它培养人的逻辑思维能力，形成理性的思维模式，在工作、生活中不可或缺，所以任何一名学生都不能不重视数学。作为高等数学的教师，必须迎难而上，提高学生的学习兴趣，充分地调动学生学习数学的积极性，同时适当调整学习内容，丰富教学方法。

## 一、根据专业调整教学内容

职业大学学生绝大多数不会从事专业的数学研究，学习高等数学主要是为学习其他专业课程打基础并培养逻辑思维能力，因此比较复杂的计算技巧和高深的数学知识对他们未来的工作作用并不明显。而现在职业大学高等数学教材针对性不强，所以教师需要根据学生的专业对教材进行取舍。对于机电专业的专科学生，高等数学中的微分、积分以及级数会在专业课程中得到应用，像微分方程这类在专业课中并不涉及的知识点可以省略；专业课中数学计算难度要求并不高，较复杂的计算也可以省略；另外在教学过程中必须重视学生逻辑思维能力的训练，可以结合数学题目的求解给学生介绍常用的数学方法、数学的思维方式，以提高学生的抽象推理能力。

## 二、提高学生的学习兴趣

兴趣是最好的老师。数学是美妙的，但是数学学习往往是枯燥的，学生很难体会到这种美妙。如何提高学生对高等数学的兴趣是授课教师需要思考的问题。笔者在教学中为了让教学更加生动加入了一些生活中的数学应用。比如，为什么人们能精确预测几十年后的日食，却没法精确预测明天的天气？为什么人们可以通过万维网安全地浏览网页而不会被监听？为什么全球变暖的速度超过一个界限就变得不可逆了？为什么把文本节件压缩成 zip 体积会减少很多，而 mp3 文件压缩成 zip 大小却几乎不变？民生统计指标到底应该采用平均数还是中位数？当人们说两种乐器声音的音高相同而音色不同的时候到底是什么意思？在这些例子中数学是有趣的，体现了基础、重要、深刻、美的数学。

## 三、培养学生自我学习的能力

授人以鱼，不如授人以渔。单纯教会学生某一道题目的计算，不如使学生掌握解题的方法。因此讲解题目时可以结合方法论：开始解一道题的时候笔者会告诉学生这和解决任何一个实际问题一样，首先从观察事物开始，把数学题目观察清楚；接下来就需要分析事物，搞清楚题目的特点、有什么样的函数性质、证明的条件和结论会有什么样的联系，根据计算情况准备相应的定理和公式；最后就是解决问题，结合掌握的计算和推理技巧完成题目的求解。通过这样的讲解和必要的练习，学生完成的不再是一道道独立的数学题目，实现的是方法论的应用，也是更清晰的逻辑思维的训练，有助于提高学生的自我学习能力。“教是为了不教”，使学生掌握解题方法，有自学能力，以后工作中碰到实际问题也能迎刃而解。

### 四、重视逻辑思维的训练

不管是工作还是生活中人们都会遇到数学问题，如果没有逻辑思维只是表面理解就有可能陷入“数学陷阱”。

受教育是一种刚需，高等数学教育是不可缺少的，然而教学内容和教学手段不应墨守成规，要根据社会和学生的需求有所改变。大学基础数学教育所应该达成的任务是让一个人能够在非专业的前提下最大限度地掌握真正有用的现代数学知识，了解数学家们的工作怎样在各个层面和社会产生互动，以及社会在这个领域的投资得到了怎样的回报。

## 第四节 基于创业视角下的高等数学教学方法

创业教育在教育体系中具有重要作用，能够促进大学生全面发展。而高等数学作为专业基础课程，对学生后期专业学习发展具有促进作用，能够在一定程度上培养学生的创新能力和创新精神，为培养创业人才打好基础。

随着教育环境不断变化，教育方式越来越多样化，且逐渐融入不同高校，并取得了一定成果。其中，创业教育影响力较高，它以培养学生创业基本素养以及开创个性人才为重点，以培育创业意识、创新能力以及创新精神为主要目的。高等数学属于基础课程，重点培养学生发现、思考和解决问题的能力。在创业背景下，加强高等数学教育改革，不断提高大学人才培养，逐渐将就业教育过渡为创业教育显得尤其重要。

### 一、基于创业视角下高等数学教学存在的问题

高等数学作为专业基础课程应用较为广泛，可为后续专业课程奠定基础。

因多数学生高中阶段以题海战术为主，步入大学校园后，仍认为数学学科的概念抽

象、无法理解，且因数学学科的枯燥性，所以多数学生对数学学科兴趣较低。高等数学主要包含微积分、函数极限等，较为乏味。多数学生认为，高等数学与实际应用毫无联系，在实际生活中应用较少。此观念易导致学生对高等数学产生厌学情绪，进而影响学习积极性和学习效率。

现阶段，高等数学教学方法以讲授法为主，就是指任课教师对教材重点进行系统化讲解，并分析讨论疑难点，而学生则重点以练、听为主。该类教学模式重点以教师为主，教师全局把控教学内容以及教学进度。但由于高等数学课程相对复杂，且知识点具有抽象性以及枯燥性，若学生仅以听、练为主，易使多数学生无法理解，长期下来使教学课堂气氛比较沉闷，学生对于高等数学兴趣逐渐降低，进而影响教学效果。

目前，多数院校高等数学教学以课件教学为主，内容过于僵化。加之大部分课件在制作时较为烦琐，要具备较高计算机操作能力和构思能力，而多数教师在课件制作时，为了提高工作效率，多是照搬教材。同时，由于教学内容相对较多，而课时较少，多数教师为了赶教学进度，急于讲课，且课件翻页速度较快，导致多数学生无法充分理解便进入了其他知识点，难以学好高等数学，进而产生消极、懈怠心理，影响教学效率和教学质量。

## 二、创业视角下高等数学教学方法探讨

在创业视角下，高等数学教学主要是为了不断培养、提高学生的创新实践能力以及创新精神，培养学生的创业意识、创业实践能力，改变传统教学模式，重点以学生为中心，根据学生各方面素质采取创业性教学，积极指引学生提高高等数学学习效率，有效推动高等数学教学发展。

### （一）教学设计

课程设置对学生的意识层面有基础性的影响，想要培育出创业型的人才就应该重视课程在学生精神方面的重要作用。

1. 大学一年级设置“创业启蒙”课程。大学一年级的课程在学生的学习生涯中具有重要的意义，对学生后期的兴趣走向、选择方向具有重要的引导作用，因此要培养创业型的人才就应该从大学一年级的课程抓起，将目标设置为培养学生具有创业者的创业意识和创业精神。课程的设置可以根据蒂蒙斯创业教育课程的设置理念，既要注意学科知识的基础性、系统性，也不能忽视学生人文精神的培养。在这一阶段，按照蒂蒙斯创业教育的理念，课程设置应该主要是通过对学生进行创业意识熏陶，培养学生的创业者品质。课程方面可以设置为创业基础精品课程、数学行业深度解读课程、高等数学的创业

之路等，在熏陶下培养学生的创业意识。

2. 大学二年级设置“创业引导”课程。大学二年级是一年级课程的延伸，学生经过大学一年级的熏陶已经有了大概的创业意识，学会了高等数学的创业方法。按照蒂蒙斯的观念，在这一阶段应该将课程设置为“引导”课程，即将寻找商业机会、战略计划等融入课程中，让学生在接受高等数学的课程教学时还能潜移默化地接受相关的创业知识，引导学生树立创业精神。

3. 大学三年级设置“创业实战”课程。大学三年级的课程是学生最后一年的课程，在学生的学习生涯中具有重要的作用，这时的学生经过大学一、二年级的熏陶、引导，已经有了足够的创业准备，这时的课程设置应该以为学生提供创业模拟、创业实战教学为主。在这个阶段，根据蒂蒙斯的观点，应该着重让学生进行创业的自我体验，依托各专业创业工作室，让学生体会高等数学创业的实际情况，以特色项目为载体虚拟创业实践，培养学生的创业能力。

### （二）课堂教学

1. 问题情境教学。创业性教学的主要渠道在于对学生的创新能力、创业能力予以培养，创新精神在创业精神中具有重要的作用，对于发现创业机会、创建创业模式也具有重要的作用，因此应该重视对学生创新性精神的培养。据有关学者阐述，及时发现问题、系统阐述问题相比解答问题重要性更高。解答问题仅局限于数学、实验技能问题，但是提出新问题以及新的可能性，需要从新的角度进行思考，并且要具有创造性想象。高等数学属于初等数学的扩展以及延伸，其核心部分是问题，而数学主要就是将生活中的问题逐渐转变为数学问题。同时，高等的数学目标是对学生进行分析问题以及解决问题能力的培养，在此条件下，使学生能够提出问题，并且培养其创新能力。因此，在实际课堂教学中，任课教师应该以问题情境法教学，抛出问题，积极引导学生思考、解决问题，大胆创新、创造新问题并及时发现、解决问题，使其在解决问题中收获新知识。对学生进行启发式教学，能够步步引导、启发，让学生主动思考，获得新知，进而感受数学学习的快乐。通过启发式教学能够有效扩展学生的思维能力，激发其学习积极性，对学生创新能力发展具有促进作用。相比传统灌输式教学而言，其可有效体现学生的主体地位，充分调动学习积极性，逐渐使学生从被动转变为主动，不仅能提高其学习效率，而且能培养其创新能力。

2. 高等数学教学和实例有机结合。因多数高校高等数学教学以任课教师授课为重点，知识索然无味，易导致学生对高等数学失去兴趣，严重影响学习效率。但将实际案例和课堂教学相结合，能有效激发学生学习兴趣和积极性。比如，在多元函数机制和具体算法课程中，可实行实践课程，以创业、极值为课程题目，让学生根据课堂所学知识，对创业中出现的极值问题进行模拟研究。此外，通过小组的形式，让组员通过社交软件对创业项目细节进行讨论，并阐述自身观点和意见，最终选取适宜课题，借助实地调查等形式，并查阅资料实行项目研究，撰写相应论文报告，以展示研究成果。通过将高等数学教学与创业教育相结合，不断激发学生特长和才能，使学生充分认识高等数学，进而起到培养学生客观、理性分析问题的能力，以激发其学习主动性和热情。

### （三）实践

将课程设置与创业实践结合起来，在学生有了一定的创业意识和创业能力后学校应该开展相应的实践活动来丰富创业实战课程。通过开展“高等数学创业计划竞赛”等活动，围绕高等数学，让学生进行创业模型探索、模拟创业计划、进行市场分析、组织创业公司等。此外，学校应该重视为学生提供创业平台，为学生搭建创业服务中心、产业园组成的创业实践基地等。

创业教育在社会发展中尤其重要，属于社会发展需求，能够有效推动人与社会发展，而大学生作为社会特殊群体，对其进行创业教育能够有效推动学生全面发展，为创业提供基础。高等数学作为专业基础课程，能够一定程度上为学生后续学习提供基础性支持，对教育体系具有重要意义。因此，高校教育者要提高对高等数学教学的重视程度，不断加深学生认知；同时，将创业教育、高等数学教学有机结合，为社会培养高质量、创新型人才。

# 第五节　高等数学中微积分的教学方法

在高等数学中，微积分是不可或缺的教学内容之一，微积分与现实生活息息相关，其中的很多知识已经被广泛应用到经济学、化学、生物学等领域中，促进了科学技术迅猛发展。对很多学生而言，微积分非常深奥，很多时候学生都百思不得其解。这就需要教师改革教学方法，提升学生的学习兴趣。本节先分析微积分的发展与特点，接着研究高等数学中微积分教学的现状及存在的问题，最后提出改善微积分教学的方法，意在抛砖引玉。

## 一、微积分概述

从某个角度而言，微积分的发展见证了人类社会对大自然的认知过程。早在 17 世纪，就有人开始对微积分展开研究，诸如运动物体的速度、函数的极值、曲线的切线等问题一直困扰着当时的学者，在此情况下，微积分学说应运而生。微积分是由英国科学家牛顿和德国数学家莱布尼茨提出来的，它的提出具有里程碑式的意义。到了19世纪初，柯西等法国科学家经过长期探索，在微积分学说的基础上提出了极限理论，使微积分理论更加充实。可以看出，微积分的诞生是基于人们解决问题的需要，是将感性认识上升为理性认识的过程。

如今，高等数学中已经引入了微积分的内容，主要包括计算加速度、曲线斜率、函数等内容。学生掌握好微积分的内容，对他们形成数学思想和核心素养有着广泛而深远的意义。

## 二、高等数学中微积分教学的现状

微积分教学对学生的抽象逻辑思维提出了很高的要求。教师只有根据学生的学习心理组织教学，方能收到事半功倍的教学效果。但从目前来看，微积分教学现状并不尽如人意，直接影响了教学质量的有效提升。存在的问题具体体现在以下几点：

### （一）教学内容缺少针对性

在高校中，微积分教学是很多专业教学的重要基础，学好微积分，能为学生的专业学习奠定基础，这就需要教师在微积分教学中，结合学生的具体专业安排教学内容，这样可以使学生感受到微积分学习的意义与价值。但是很多教师忽视了这一点，教师在所有专业中安排的微积分教学内容都是千篇一律的，很多时候，学生学到的微积分知识是无用的，从而影响了教学目标的顺利完成。

### （二）教学过程理论化

微积分的知识具有很大的抽象性，对学生的逻辑思维提出了很高的要求。很多学生对微积分学习存在畏惧心理，这就需要教师在教学过程中灵活应用教学方法，提升学生的学习兴趣。但从目前来看，很多教师组织微积分教学活动时，经常采取“满堂灌”“一言堂”的传统教学法，教学过程侧重理论，教师只是将关于微积分的计算方法灌输给学生，没有考虑学生的学习基础，导致学生积累的问题越来越多，最后索性放弃这门课程的学习。

### （三）教学评价不完善

长期以来，教师考查学生掌握微积分的水平，都是通过一张试卷来检验，以分数来考查学生的学习能力。这样的教学评价方式过于单一，并且试卷的考查方式仅仅能从某个角度反映学生的理论学习水平，无法判断学生的学习情感和学习态度等要素。这种教学评价方式不够合理，迫切需要改革。

## 三、高等数学中微积分教学方法的改革建议和对策

### （一）改革教学内容

教学内容是开展课堂教学的重要载体。我们都知道微积分课程的知识体系比较庞大，知识点比较多，对学生的学习能力提出了严峻的挑战，所以教师在课堂教学中要为学生精选教学内容，结合学生的专业性质，按照当今科学技术发展水平选择合适的教学内容。目前，我们已经进入了信息技术时代，计算机软件已经得到了广泛应用，所以在教学过程中可以淡化极限、导数等运算技巧的教授，要注重给学生介绍数学原理和数学背景，比如“极限”概念为什么要用“$\varepsilon-\delta$”语言阐述？“微元法”的本质意义在哪里？诸如此类的问题，可以调动学生的好奇心，教师要用通俗易懂的语言为学生解释这类问题的背景，使学生更好地学习数学概念，降低他们的学习难度。针对微积分中的定理证明，要强调分析过程，师生一起挖掘定理的诞生过程，而不是一味强调逻辑推理的严密性，否则会增强学生的思想负担。另外，教师也可以利用几何直观法来说明数学结论的正确性，教师安排学生探索定积分基本性质的证明，让学生借助几何直观图来证明设想，这样可以培养学生的创新思维，使他们感受到自主探索的趣味性和成就感。

另外，在教授微积分基本概念时，教师要注重微积分知识的应用，给学生介绍一些合适的数学建模方法，使学生畅游在数学世界中，感受微积分的实用价值。总之，教师要结合学生的实际情况安排教学内容，这样才能事半功倍地完成教学目标。

### （二）灵活应用教学方法

正所谓“教学无法，贵在得法”，改革高等数学中微积分教学的方法有很多，关键是教师要灵活应用，根据教学目标和教学内容选择合适的教学方法，案例式教学法、启发式教学法、问题式教学法都可以拿来应用。鉴于我们已经进入了信息技术时代，多媒体技术已经渗透教育领域，笔者认为，在微积分教学中应用图象化、数字化教学手段比较可行。所谓图象化教学，就是在教学过程中利用计算机合理设计数学图形，帮助学生更好地理解教学内容。事实上，我国古代数学家刘徽早就提出了“解体用图”的思想，即利用图形的分、合、移等方法对数学原理进行解释。事实证明，利用图象化教学，可以化抽象为具体，符合学生以具体形象思维为主的特点。教师在教学过程中要重视这种教学方法的应用，帮助学生提升空间思维能力。

微积分中有很多内容适合使用这种教学方法，比如函数微分的几何意义、积分概念和性质的论述等，都离不开图形的辅助。迅速绘制所求积分的积分区域是一个基础步骤，

我们可以借助计算机完成这样的操作。笔者在教学过程中一直有意识地引入计算机教学，使微积分的教学内容变得动态化和数字化。比如在讲解泰勒定理时，笔者利用计算机直接给出一些具体函数的图象以及此函数在某一点的 $n$ 阶展开式的图象，并让学生进行比较。有了计算机的辅助，学生可以清晰明了地看到在 0 点附近，随着展开阶数的增加，展开式的图象更接近函数的图象。

除了计算机教学法，我们还可以引入讨论式教学法。学生的个性各有不同，他们对微积分学习也有各自的理解，教师可以将学生分为几个小组，让他们根据某道微积分题目进行讨论，学生在讨论过程中会发生思维的碰撞，每个人都发表见解，问题在无形中就得到了解决。比如在讲授“对称区域上的二重积分的计算”这部分内容时，笔者为学生安排的问题是“奇偶函数在对称区间上的定积分有什么特性？怎样证明？”笔者让学生以小组为单位，针对这个问题进行自由讨论，学生纷纷开动脑筋，挖掘知识的本质，找到解决问题的答案。这样的教学过程还能在潜移默化中培养学生的合作精神。

### （三）优化教学评价

学生的学习是一个自我体验的过程，每个学生都有自己的个性，他们的内心世界丰富多彩，内在感受也不尽相同，所以教师不能用一刀切的方式来评价学生，而是应该将过程性评价与终结性评价有机结合在一起，重在对学生的学习过程进行考察和判断。教师要结合学生的现实情况，为学生建立成长档案，因为微积分学习确实有一定的难度，教师要肯定学生的进步，给予学生及时的表扬，以此激发学生的学习成就感。教师可以将学生的出勤、回答问题的表现都纳入评价范围，考查学生掌握基础知识的情况，还可以给学生提供一些数学建模题，考查学生利用理论知识解决实际问题的能力。除了教师评价，还要加入学生自评和学生互评，让学生自己评价自己学习微积分的能力、情况与困惑，这样可以让学生更好地定位自我、发现自己在学习中存在的问题，进而查缺补漏，更有针对性地学习微积分。

课堂教学是一门综合性艺术，高等数学中的微积分教学具有一定的难度，知识比较深奥，要想使学生学好这部分内容，教师必须灵活应用教学方法，重视教学评价，使学生能不断总结、不断完善，并学会用微积分知识解决现实中的问题，为未来的后继学习奠定扎实的基础。

## 第六节　高等数学课程教学方法的分析

高等数学对高等院校教学发展有着极为重要的作用，随着社会教育形式的发展进步，其教学方法也将面临重大的挑战。因此，本节通过分析高等数学的教学特征，指出要实现优质的讲授法教学才能提高等数学学的教学效果，促进学生创新思维的培养，满足社会对应用型人才的需求。

教学方法是教学过程中教师与学生为实现教学目的和教学任务要求，在教学活动中采取的行为方式的总称。随着教学设计理念的进步和教学改革的深入，教学工作者创造和积累了丰富的教学方法。高等学校教学方法的改革一直是行政管理部门和广大师生高度关注和积极推进的工作，本节将对高校高等数学课程的教学方法进行研究分析，以期提高教学效果，通过高等数学的教学助力高校对学生逻辑思维能力的培养。

## 一、高等数学课程教学特征

高等数学是高校课程体系中的重要学科，是其他众多学科学习的基础，在高校开设的课程中具有举足轻重的地位。恰当地运用教学方法是提高等数学学活动效能、确保教学质量和教学实践取得最优效果的重要保证，选择合理的高等数学教学方法首先要分析高等数学课程的教学特征。

### （一）教学内容的高深性

高等教育一以贯之的使命就是传授“高深知识”，教学内容包含了高度理论化的、抽象的、专门的高深概念性知识。有时高校教师在课堂教学中讲授的教学内容是精选、浓缩、渗透和引入了数学课程最前沿、最新的知识，对于大多数学生来讲是抽象、陌生的。

### （二）教学过程的探究性

高等学校教师有科学研究的任务要求，教学与科研相结合也是高等数学教学课程的要求。数学教学不仅要传授已有的高深知识，还要引导学生探索学科领域的未知世界，通过教学介绍学术界的争论与有待探讨的问题，以激发学生的创造精神。教师不仅要传授数学书本上的知识，还要通过学生实习、见习、毕业设计和毕业论文等活动让学生参与查阅资料，了解新的创新性理论。教师不仅要从事科研，还要引导、带领学生参与科研项目，以此培养学生的创新精神和能力。

作为一名教师要充分认识高等数学教学的性质和特点，据此理解和运用有效的教学方法，提升高等数学的教学效果。

## 二、高等数学课程讲授法的利与弊

讲授法是教师通过口头语言，系统地向学生叙述事实、解释概念、论证原理和阐明规律的教学方法，是历史最为久远、应用最为广泛的经典教学方法，几乎每一门学科专业的教学都可以采用讲授的方式组织教学。目前，高等数学主要以讲授法为教学方法。对教师而言，它是一种传统的教授方法，对学生而言，它是一种接受性的学习方法。它的优点是教师在较短的时间内向较多的学生系统地传授大量的知识，有利于发挥教师在教学中的主导作用，有利于教师对教学过程的控制。

高等数学是一门理论性的课程，有许多抽象的数学知识概念、思维逻辑性较强。传统讲授法只是让学生一味地听、记笔记及做练习，不利于因材施教，难以兼顾学生的个性差异，难以兼顾师生之间的互动与协作，难以做到给予学生充分表达意见的机会，不能充分调动学生学习的积极性，使得部分学生不能真正理解教师讲解的数学知识概念，对其与实际应用的关联理解不透彻，数学给他们的印象就是抽象的、难以理解的、没有实用性的，导致学生学习兴趣不浓厚，课堂气氛沉闷，学生学习效果和成绩自然不理想。对于高等数学课程而言，教师应该改进讲授教学法，在教学过程中激发学生学习数学的动力，进而实现优质的讲授法教学。

## 三、优质讲授法教学的要求

实现优质的讲授法教学需要很多职业性条件，教师要有坚强的意志、教学法想象力、幽默和强大的自我意识，但这些还不足以形成优质的讲授法教学，它还需要教师具备一些具体的方法和技巧，比如准确洞察和了解学生状况的能力；灵活准确地运用身体和口头语言；尽管多媒体技术已经很发达，但还要学会使用黑板；有良好的时间观念，能合理掌控课堂进度和节奏；掌握一些处理课堂突发事件的技巧。具体而言有以下几个方面：

### （一）讲授要有明确的目的性

教师要明确讲授课程在学生专业学习和知识建构中的定位，任何一门课都是教学计划的一个组成部分，任何一节课都是教学大纲要求的内容，要从数学课程的角度出发来实现专业培养目标。所以，讲授要有明确的目的性，教师的课堂讲授应当体现专业培养目标的要求。高等数学是许多专业都要开设的课程，但是不同专业对这门课程有不同的侧重点，教师要根据不同专业的培养目标，确定本门课程的教学目的、要求和重点，以便为这个专业的培养目标服务。

### （二）科学地组织讲授内容

教师要熟悉和把握教学目的要求。由于数学的内容较抽象，因而教师要了解学生相关的专业知识和经验基础，要认真钻研教材、大量查阅文献资料，精通并合理组织教学内容，对教学内容进行科学加工、组合，使之结构严谨、层次清楚，力求做到教学内容和方法的优化组合。数学概念的引入很重要，好的引入能够激发学生的学习兴趣和求知欲望；讲授过程既要追求系统性和逻辑性，又要主次分明，突出重点和难点。比较有效的办法是，教师在开始新的讲授前，要指导学生对新内容进行预习和准备，使学生对基本教学内容有一定的了解，然后在讲授中主要就教学内容的难点和学生自学中遇到的问题进行解释和说明，并根据学科领域的新发展向学生提供新的教学信息，使之达到预期的教学效果。

### （三）教学语言应具有清晰、精练、生动的特点

讲授法主要以口头语言为传递和交流教学信息的工具，教师语言素养的水平会对教学效果产生直接的影响。因此，要求教师不能用"照本宣科"式的机械性的表述，而应该尽量做到以下几点：第一，讲解要清晰、精练，这样的讲解能够为学生留下思考的时间和空间；第二，语言表述要生动、幽默和富有激情，这样的语言表述可以感染学生，使其产生对知识的热情；第三，语言尽量"深入浅出"，引导学生由表及里地领会和掌握教学内容。

### （四）寓启发于讲授之中

如果讲授演变为教师在课堂上的独角戏，是难以取得预期教学效果的。高等数学的目标是培养学生运用数学知识分析问题和解决问题的能力。为此，教师要精心设计富有针对性、启发性的问题，采用探究式教学方法引导学生研究。问题是数学的核心部分，数学概念问题来源于生活，是把现实生活中的问题升华为数学问题，通过不断设疑、提问，引导和鼓励学生参与教学，促使学生进行积极主动的思维活动，学生可以从不同角度主动地思考问题，一个数学问题可以提出不同的解题方法，从而培养学生的创新思维能力。教师在着重讲清基本数学概念和推理线索并提供必要的材料后，可以把寻求答案的任务留给学生，启发学生通过独立思考来获得有关问题的答案，从而使学生在解决问题的过程中获得新知识、理解新知识，并感受成功的喜悦。设疑提问强化了师生互动，师生互动可以使教学气氛活跃，调动了学生学习新知识的积极性，使学生由被动学习变成主动学习，进而提高了教学效果，培养了学生的创新能力，这在高等数学的教学中尤为重要。

高等数学是非常重要的基础性学科，优质的高等数学教学方法对提高当今大学生的整体能力和素质起到了极其重要的作用。高等数学教师须对数学的教学方法做深入研究，采用更加科学有效的教学方法，加强对学生创新思维、逻辑思维能力的训练，培养出更多创新型、应用型人才，从而提高大学生在就业方面的竞争力。

# 第七节　高等数学与中学数学教学的衔接方法

目前，很多步入高校的学生在学习高等数学这门课程时都觉得不适应，有的学生经历半个学期后依然难以达到入门水平。基于此，为确保学生的水平从中学数学稳定过渡到大学数学，需要采取有效的方法合理衔接中学数学与高等数学，推动高校数学教学质量更上一层楼。

## 一、高等数学与中学数学的不同之处

### （一）方法的不同

纵观中学教学进程，教师教学时一般都通过大量例题与习题实现某个知识点的提高与巩固，旨在让学生扎实掌握知识。高校均采取大班授课的方法，涉及的教学内容非常多，知识点紧凑，一般是在课堂上讲解具体的知识要点，较少进行课堂习题练习，较少针对对应习题进行分析，学生需要在课后自行归纳总结与做题，在课堂内容的理解掌握上存在一定难度。

### （二）反馈的不同

中学生一般没有较多时间仔细阅读课本内容，课余时间大多用来完成老师布置的相关作业。课后，中学生有较多机会接触教师，将不懂的问题及时向老师反馈并展开询问。但高校教师与学生除了上课外基本没有见面的机会，即使可以通过 QQ 及微信等方式进行沟通，但很多学生并不愿意进行交流，如此一来，教师仅能通过课件或者作业实现相关信息的反馈。

### （三）心理的不同

中学会频繁进行考试，通过考试进行复习，使学生长期处在紧张的学习状态中，以达到高效学习的目的。很多学生将大学看作调整休息的时期，从思想上放松学习，未对自己提出较高要求。同时大学生必须进行自我管理，依靠自身安排学习与生活，容易出现茫然失措的心理，部分学生不会合理安排时间。

## 二、有效衔接高等数学与中学数学的具体途径概述

### （一）强化知识衔接

立足知识内容这一角度，高等数学是初等数学的深化和提高。针对高等数学课，要将初等数学当作基础，在中学时期学过的幂函数、指数函数、对数函数、三角函数等基本性质和运算，平面解析几何中常见曲线方程、图形、不等式的性质等内容在高等数学学习中经常用到，这些问题在课堂上仅需简单复习即可，以避免重复。

部分初等数学知识在高等数学中尚未涉及或者涉及的角度和侧重点不同，针对此类内容，教师不能认为学生在中学已经掌握就轻描淡写或一带而过，避免在高等数学与中学数学之间形成“空白”地带，从而造成高等数学与初等数学某些知识内容的脱节。例如，极坐标系的建立、常见函数的极坐标方程等知识在中学课程中没有涉及，而高等数学中的积分运算和积分应用问题以此为基础，若不补充讲解，学生学习这部分内容时就难以顺利过关。中学虽已开始学习极限、导数、积分、向量的概念及计算，但仅侧重于简单计算。到了大学还要学习这些内容，侧重于对基本概念的理解及实际问题中的具体应用，在教学中一定要讲清楚它们的不同要求，尤其要注意中学数学内容和高等数学内容的衔接关系，使教学中知识内容不会重复与脱节，以利于学生顺利渡过学习难关。

### （二）做好方法衔接

第一，循序渐进地开展教学为学生营造良好的适应氛围。在高校数学教学中，刚开始的几次课进度稍微放缓些，不断提醒并引导学生养成良好的预习习惯，使之能够带着问题上课，在课堂学习中认真把握重难点，认真做好课堂学习笔记，全面总结归纳，列好层次分明的课程内容提纲，以便为复习提供便利，在课后时间积极完成复习。采用教学模式应注意，中学所学的定理与习题的理解与解答是密切相关的，但是高等数学则不然，此课程体系拥有较强的理论性，博大严密，概念推演与逻辑联系十分严谨，学生仅依靠习题练习难以全面理解并掌握相关理论，即使弄懂概念也不一定会做习题，因此应注重培养对学生边看书边思考的学习习惯，从整体角度出发，让学生全面掌握基本理论方法，在高等数学与中等数学衔接中实现学生自学适应能力的有效强化。

第二，针对例题与习题进行精心选择并强化解题技巧指导。在高等数学学习过程中，应从方法角度对比初等数学，如尽可能选择一些既能够用到初等数学又可以用到高等数学知识来解决的相关问题，分别运用两种办法解决问题，使学生能够切实体会到知识间的相融性，将学生的学习兴趣全面激发出来，使之理解能力实现强化，认知水平获得提

高。例如，在初等数学中较常运用配方及不等式进行极值求解。此类方法的优势在于有利于学生理解，使学生更好地掌握知识。然而这些方法的应用存在缺点，要求的技巧性较高，尤其是针对较复杂的问题时能够适用的范围相对较窄，仅可针对特殊问题进行求解；最值与极值两个概念容易混淆，导致极值遗漏。通过微积分手段对极值展开求解，能够遵循固定程度，对应要求的技巧性相对较低，具有较为广泛的适用面，更容易区分极值与最值。

第三，基于多媒体教学应用实现学生思维能力锻炼。实践证明，高等数学是一门具有较强抽象性特点的课程，在日常教学实施过程中应注重多媒体教学手段的优化运用，基于板书结合多媒体及数学软件、学生实验的方法，学生对数学概念理论的理解不断强化，教学效率明显提升。例如，引入定积分时，基于多媒体动画功能的优化运用，通过矩形面积和极限展示曲边梯形面积，能够把定积分这类十分抽象的概念更加生动形象地展现出来。与此同时，鼓励学生多动手，使思维能力得到强化锻炼，如定积分，引导学生进行编程计算，通过分割不同的积分区域实现不同值的获取，分割得越细则越能获得精确的计算结果。基于这一系列操作，学生可以深刻理解分割求和取极限对应的微分思想。

### （三）改进考查方式

中学数学考试中较常见的考查方式是闭卷考试，目的在于考查学生对知识的理解及实际运用程度，采用较多的题型是计算题，应用题和证明题数量相对较少。一部分数学基础薄弱的学生难以理解数学定理及解题思路，普遍依靠记忆死记硬背，结束考试之后就会很快忘光。相比之下高校高等数学，因为学习内容体系不尽相同，应在结合基础知识考查的同时重视考查能力强化，要将知识、能力、素质的对应考查有机结合在一起。

第一，充分重视日常课堂考查并完成教学成果的及时反馈，检验学生知识掌握程度，每章节及其测试固然非常重要，但在平时针对学生知识掌握情况的考查同样不容忽视。课堂提问及课后题思考、课后作业等均属于日常考查，在整个课堂教学过程中始终贯穿课堂提问，作用在于针对已学知识与将要学到的知识承上启下，保证教学进程流畅开展，有助于学生提高对概念理解与方法掌握的程度，使之合理避免规律性错误的形成，有效建立正确的数学思想。

第二，综合评价学生并拓宽考查方式，教师应就学生数学能力展开细化评价，基于多元化方式的运用，组合给分，综合评价，包括家庭作业、小黑板演算、智力小品、杂志阅读、小测验等内容。唯有立足这些基础的综合评估，才能将学生数学课程掌握情况公正合理地反映出来。

综上可知，结合实际情况，立足现状分析，认真采取有效措施完善高等数学与中学数学的良好衔接，才能保障高等数学取得较高的教学质量，推动数学教育更上一层楼。

# 第五章　高等数学教学课堂研究

## 第一节　高等数学课堂教学问题的设计

高等数学的学习在高校所有课程中占据主要地位，而高等数学也几乎已经成为高校所有专业的必修课。高等数学的学习是对学生中学数学的延伸，也能为学生今后的学习打下基础。高等数学的学习不同于其他课程，是需要学生动脑筋进行思考的，高等数学是在中学数学的基础上增加了几倍难度的一门课程，对于大部分已经抛开高中数学课本的学生来说，高等数学简直就是最难的一门课。但是如果教师在课堂中可以运用到多元化的问题设计方式，就能够引导学生从正面或者是运用逆向思维解决问题。

高等数学这门课程的学习能够有效地培养学生的数学素养，所以在当前高等数学教学的过程中，需要更加关注学生主体地位，运用现代化的教学手段和创新型的教学内容，让学生在高等数学学习的过程中理解数学精神，培养数学思维。

铺垫式问题的设计：无论是在哪一阶段的教学中，先给问题做铺垫最后提出来的方法都非常常用，即在新知识讲授之前，先利用学生以前学过的旧知识进行联系性提问。这种方法同样也能够调动学生的元认知，让学生在已有的知识经验中构建新知识。比如在学习积分的换元积分法时，就可以向学生提问不定积分的换元积分法公式，给学生抛出一个疑问，引导学生进行自主思考，最后就可以得到定积分的换元积分法公式。通过这样铺垫式问题的提问，可以让学生更加清晰地根据树形结合的思想，提高自己的数学逻辑思维，同时也有利于学生的思维发散，让学生做到通过一个细小的数学问题就能够联想到其他方面。

迁移性问题设计：数学知识从来都不是毫无联系的，每一个数学小知识之间都会有着千丝万缕的联系，在形式和内容上也会有相似之处。对于这种情况，教师就可以在学生原有的知识结构的基础上，通过针对性问题的设计，让学生将已经掌握的知识运用到新知识的结构中。比如在讲“点的轨迹方程”概念时，就可以先向学生提问平面曲线方程的概念，之后就可以从二维空间向量向三维空间向量推进，在此过程中就可以接着讲解曲面和曲线工程的定义。这样的知识迁移性内容会使学生更容易接受，他们学习起来也会更加简单。

矛盾问题的设计：这种问题设计方式是学生从一个知识理论相悖的问题中，产生疑问和矛盾，让学生将问题提出来。之后，再鼓励学生进行积极探索，使学生产生强烈的探索欲望和动机，以深化学生的理性思维。

趣味性问题的设计：现代的数学课堂要摒弃传统的枯燥单一的教学模式，不能仅仅教授学生理论知识，让学生在冰冷的数字和难懂的理论中度过一节高等数学课。要加强问题的趣味性来提高学生的学习兴趣。

辐射性问题的设计：对于这种辐射性问题，主要提问方式就是以某一知识点为中心，向四周进行问题发散，形成一个辐射性的知识网络，引导学生从多角度和多层面进行思考，纵横联想自己所学到的知识来解决问题。但是运用这种问题设计需要注意的是，这种问题的难度较大，在提问时必须考虑到学生的实际情况和接受能力。由此，可以结合使用启发式的教学方法，对学生进行引导和提示。

反向式问题的设计：在数学中最重要的一种数学思维就是逆向思维。而通过这种思维方式衍生出来的问题设计，就被称为反向式问题的设计，即通过逆向思维把原命题作为逆命题进行转化。比如在这个问题中，就可以运用到反向式问题的设计：一圆柱面可被视为已平行于 $z$ 轴的直线沿着 $xoy$ 平面上的圆 $C$：$x^2+y^2=a^2$ 平动而成的图形，试求该圆柱面的方程。对这道题进行分析，就是要在圆柱的面上取一个点 $P$，但是无论这个 $P$ 在什么位置，或者说它的位置是随意变动的，但是它的坐标都满足方程 $x^2+y^2=a^2$。相反的，满足方程的点同样也都会在圆柱的面上。这样的问题设计能够让学生从正反两个方向思考问题，同时也可以在一定程度上降低曲线方程的难度。

阶梯式问题的设计：这样的问题设计方式主要是指教师要运用学生的已知知识，进行阶梯式的知识的构建，引导学生的数学认知心理纵向发展。这种问题提问方式是由难度逐渐增加的问题构成的一个组合性问题。通过这样从特殊到一般提出问题，一步一步引导学生思考问题，最终解决问题。

变题式问题的设计：将原有的问题进行改造，可以变化其中的固定数字或者是直接改变问题，让这种变式的思维渗透到题目中去，可以打破学生固有的思维模式，从而转变思考的方向，培养学生的创新性思维能力。

总之，在高等数学课堂中可以运用多种多样的问题设计方式，教师不能再像以前那样问学生“对不对”或者“是不是”，而应该多层次、多方位、多角度地提出问题，激发学生的求知欲、竞争欲，进而提高分析、综合、逻辑推理的思维能力。

# 第二节　高等数学互动式课堂教学实践

事实上，课堂教学本身就是师生及生生间进行交流互动的一个重要平台，是进行沟通交流及双边互动的实践活动，并且具有互动开放及双向的特征。在开展课堂教学期间，师生与生生间的互动双向教学的高效开展，可以对师生具有的内在特性加以展示以及培养，同时对教学活动整体加以推动。对于数学学科而言，问题就是其外在代言，同时也是数学教师开展教学的重要理念，更是教学对策的一个重要载体。通过问题教学，能够形成师生互动及生生互动教学模式，促进教学质量的整体提升。

## 一、互动式课堂教学的特征

### （一）交互性

实际上互动就是一种交互的作用以及影响。在互动过程中，双方能够对对方的行为做出相应反应。对于师生互动而言，其并非线性、单向的影响，而是师生进行交互以及双向的影响。一般来说，情境可以对师生互动造成一定制约，数学教师可以对学生展开评价，对其认知及情绪进行影响，而学生则可以通过心理体验和心理状态对教师产生反作用，进而实现相互感染，共同推动数学课堂发展。而且，师生交互影响以及作用不是间断性或者一次性的，是循环的，并且呈现出链状的连续过程。

### （二）开放性

一般来说，课堂教学都是通过师生沟通以及交往展开的。在一些特定场所，学生有可能会产生一些特定想法，而这些想法并不在教师制订的计划中。在实施预设目标期间，教师必须开放地纳入一些经验。在互动式的课堂中，教师要敢于即兴创造，超越预定目标。之所以说互动教学具有开放性，是因为师生互动及生生互动期间，大家的思维都处于活跃状态，谁也无法预料问题以及结果，其中充满未知。

### （三）动态生成性

教学期间，师生互动能够促进学生发展以及成长。师生互动有着动态生成的特点。课堂上，互动内容以及互动形式都是根据学生特点、参与形式及参与数量转移的。而课上学生是否喜欢和教师进行互动、如何展开互动，很多时候教师是无法预计的。师生进行互动，是师生双方进行相互界定以及相互交流的一个过程。在课上互动期间，必须按照所学内容、主体对互动内容以及互动方式进行变换，这样才能达到互动的最佳形式，实现知识的动态生成。

### （四）反思性

学生的学习其实就是主动构建的过程。学生并非被动地接受外在信息，而是按照自身已有知识结构，对外在信息主动进行选择以及加工。这就需要学生在学习期间随时对自己的学习过程加以反思，及时找出自己的不足，加以弥补。同时，在教学期间，教师要充分结合学生在互动期间的情况及时进行反思，对自身行为进行及时调整，进而为学生创设出更好的学习情境，实现和学生的高效互动。

## 二、高等数学互动课堂的教学实践形式分析

对于数学教学来说，教师普遍采用的是一种问题教学的形式，在课堂导入之时通过问题设置来引起学生的探究欲望以及兴趣，进而提升学生在课上的学习效率。因此，在实施高等数学互动式课堂教学期间，教师除了课上教学与学生展开互动之外，在教学评价及教学反思方面也要与学生展开互动，这样能够全方面并且多维度地开展互动式的课堂教学。在数学课上展开师生互动以及生生互动，并且通过互动对教材内容加以探索，进而完成教学预定任务。

对教学环节进行巧妙设计，奠定互动基础。教师在开展互动式课堂教学时，可以从对问题条件具有的内涵进行感知时开始。对问题具有的条件内容进行感知，是解答问题这一活动的起始环节，也是问题教学获取成效的一个关键环节。在基础性的数学教学期间，教师通过对问题条件进行感知这一活动，凸显双边互动这一特性。在传统数学教学活动中，常把“教”和“学”进行孤立，教师直接进行知识灌输开展教学，这样就常把学生置于非常被动的位置。所以，新时期教师必须摒弃以往的教学方法，结合教材中的内容开展教学，引导学生分析问题当中包含的关键信息，掌握其中的知识点及数量关系，进而为解题思路的探寻奠定基础。

比如数学教师在教学微积分这一内容时，可以先介绍相关科学家以及微积分的发展历史。例如，提到积分，可以介绍我国历史上有名的数学家祖暅，他通过出入相补这一原理，推导出球体公式，这就是一种积分思想；提到微分，教师可以从物理学中的匀速运动导入，通过介绍微分发展简史来引起学生的兴趣。利用数学史和学生展开教学互动，营造数学课堂的活跃气氛，为学生对这部分内容的深入学习奠定基础。

开展多维教学互动，对互动品质加以提升。教学期间，师生可以进行全方位、多角度以及多维的互动。

1. 教师可以把课堂的主动权交还给学生，让学生变成主人，主动参与课上的互动。

2. 教师可以充分利用现有教学资源，如多媒体、视频及图片等，与学生展开互动。

3. 教师可以借助微课开展教学。事先将预习任务布置下去，将微视频的网址告知学生，让学生在课下对基础知识进行学习，之后在课上对重点进行讨论。尤其是高等数学的教学，需要教师充分利用微课这种教学形式，让学生对新知识进行有效预习。

4. 教师要将课上的互动朝着学生的其他学习时间进行拓展，这样可以提升学生的互动品质，让其参与意识、主动意识及数学意识得以提升。

比如在针对“空间解析几何”这一内容进行讲解时，对于特殊的曲面，如锥面、柱面等，学生单纯进行图形想象，很难掌握相关知识。在课上互动期间，教师应采用多维互动这一模式，对多媒体加以利用，将动态图形具体变换进行展示，让学生直观感受这些内容，对曲面图形进行领悟。借助多维互动这种模式，学生可对数学知识产生直观认识，形成一种牢固印象，进而对互动品质加以提升。

及时开展教学评价，对互动智慧进行强化。师生在进行互动过程中，教师可以对互动节奏进行控制，并且在互动期间需及时对互动活动进行评价，进而让学生及时、恰当地对互动期间具有的优点及缺点进行感悟，使优点得以发扬，对缺点进行改正。同时，教师及时对师生互动展开评价，这样能对教学质量加以提升。此外，大学生也可以对教学及自身学习进行评价，这样能够在教学评价方面实现师生互动，促进师生交流，让师生相互更加了解，并在实践中对经验智慧加以汲取，让互动变得更有效果。

比如在教学复变函数之后，数学教师可以专门开设一节复习课，用 PPT 的形式和学生一同对所学内容进行回忆，其中包含学习期间学生同教师进行争论的问题，重点内容、易错点及难点内容，除了可以唤起学生对知识的记忆之外，还能帮助学生对这部分内容进行深化学习。

在数学课上，如果教师仅是单纯地把知识装到学生的头脑之中，而不与学生在心灵上接触，不在课上与学生进行互动，那么很难在实践教学期间对互动智慧进行汲取。教师只有及时开展教学评价，并且对互动智慧进行强化，才能提升课上教学质量。

对教学反思进行巩固，对互动进行观照。其实，在师生进行互动期间，只有师生不断对教学以及学习进行反思，才可以巩固优点，及时找出漏洞，并加以弥补。在课上互动这一环节之中，学生和教师都有着鲜活的思想，都不是互动教学中的机械零件。因此，数学教师要在日常反思中对互动期间的学生思想进行关照，进而让整个互动过程一直处在一种动态健全当中，让整条互动链条一直保持灵动性。如果教学缺少反思，那么这样的课堂教学必然是失败的。

学生对数学知识进行接受的过程，是不断强化及循序渐进的一个过程；如果不能在数学课上有效并及时地进行反思，对自身学习有一个客观评价，那么这样的学习注定是生硬的，更是机械的，而且日后对于这些知识点也很难灵活运用。

比如在完成常微分中的方程解法的学习之后，数学教师可以对学生阶段性的学习成果进行验收，根据检测结果对学生具体学习情况加以掌握。如果学生在测验中的平均成绩较好，说明他们对数列知识掌握情况较好；如果测验的平均成绩较差，则说明学生的课上学习效果不佳，此时教师必须及时与学生展开沟通，及时理解其思想及心理，这样才能制订接下来的教学计划。通过这种方式，能够让教师以及学生共同进行反思，找出教学及学习中的薄弱点，进而促进师生有针对性地进行强化。这样一来，数学教师才能对教学效果加以保证，而学生也才能不断提高学习效率。

综上可知，互动式的课堂教学具有互动性、开放性、动态生成性及反思性等特征，特别是对数学这一学科来说，开展互动教学非常必要。教师可以通过对教学环节进行巧妙设计，奠定互动基础，开展多维教学互动，对互动品质加以提升，及时开展教学评价，强化互动智慧，同时巩固教学反思，关照互动学生，这样才能营造出良好课堂氛围，促进学生对数学内容的理解，进而有效提升数学教学总体质量。

## 第三节　高等数学课堂教学质量的提高

教育必须有效促进学生素质全面发展，提高课堂教学质量是实现教育效果的直接手段。高等数学因其内容的抽象性，尤其应注意课堂教学质量。为了达到新时期的数学教学目标，本节从学生的学习态度、教师的教学方法、课堂教学手段等方面谈如何提高等数学学教学质量。

高等数学是一门理论性很强，比较抽象而又枯燥的学科，很难引起学生主动学习的兴趣。如何对教学内容进行灵活处理使之为学生容易接受，便成为教师应深入研究的问题。本节笔者从四个方面就如何有效地利用教学手段和方法，谈谈自己的看法。

### 一、明确学好数学的重要性，进一步端正学生学习态度

数学有很强的应用性，是解决现实问题最常用的工具。数学教育不仅要传授基础知识，更重要的是培养学生的数学意识和逻辑思维，增强学生应用数学知识分析问题、解决问题的能力。教师要在开课之初就向学生阐明高等数学的重要性，使学生认识到学习数学的必要性，以及学好数学的现实好处。教师还要在平时的课堂教学中多向学生介绍高等数学在各领域中的应用，使学生切实感受到数学的实用性，增强学生的学习动力。

## 二、加强多媒体教学和板书式教学相结合的教学手段

随着数字化、网络化技术的飞速发展，传统的教学模式受到了严重的冲击和挑战，使得多媒体教学的引入成为必然。由于多媒体技术采用文字、声音、色彩、动画、图形等方式传递信息，它可以将枯燥的课堂内容变得直观、生动、形象。比如在极限、定积分等概念的教学中，我们用动画的形式将逐渐逼近的过程生动地呈现出来，使得学生的理解更加直观而深刻。因此，多媒体教学不仅可以丰富学生的感性认识，启发学生的积极思维，还可以激发学生的兴趣，从而提高学生学习的积极性。然而，虽然与传统的板书式教学相比，多媒体教学可以图文并茂、声像结合，使学生的理解更直观，更有助于记忆，但是任何事物都有两面性，多媒体教学也存在着自身的缺点和不足。比如多媒体教学会使课堂教学的节奏不自觉地加快，使学生由主动地学习变成被动地接受，并且在多媒体教学过程中，更容易忽视师生之间的情感交流，也更容易忽视学生的主体地位。因此，只有将多媒体教学和传统的板书式教学相结合，才能提高高等数学的教学效果。

## 三、灵活采用多样化的教学方法

传统的教学模式一般是由教师讲授、学生练习为主，这样的教学方法对学生掌握相应的数学知识和技能会起到一定的作用，但是由于机械性的、重复性的工作比较多，长此以往对学生的自主学习和探究问题的能力的发展就会有不利影响，因此，在实际的教学过程中就有必要穿插一些实用性的、灵活性的、探索性的数学教学方法。

比如，在教学中可配合运用启发式教学法。在课堂上教师根据教学任务和学习的客观规律，以启发学生的思维为核心，调动学生积极主动的学习意识，培养学生独立思考问题的能力。对于高等数学中比较抽象的概念、定理，教师可以用绘图、对比等直观的教学法，让学生主动思考、独立分析。或者，同一个问题也可以从其他角度或利用其他方式进行提问，让学生独立分析和思考，更有利于学生对新知识的理解和接受。又或者，还可以在教学中故意给出错误的观点或结论，树立对立面，让学生对比思考，这样就可以激发学生学习数学的兴趣，具有事半功倍的教学效果。

当然，在教学中也可以穿插使用问题式教学法。教师可以通过对教学内容的总体认识和把握，巧妙地设置问题，使学生能够在疑问的引导下，主动地探求和思考问题。然后，在学生对所设问题有一定理解的基础上，组织学生进行分组讨论，让学生发表自己的理解和看法，以达到互相启发、共同提高的目的。最后，教师对所设问题总结收尾，充分解疑，并且对难以理解的知识点进行重点讲解，使学生所学知识能够系统掌握。因

此，问题式教学法不仅改变了教师以讲为主的格局，调动了学生学习的积极性和主动性，并且在教学的过程中使学生的自学能力和探索精神也得到了锻炼和提升，达到了比较好的教学效果。

### 四、精选课堂练习，提高课堂效率

长期的教学经验告诉我们，盲目而过多的练习是不科学的，它不仅不能达到预期的教学效果，反而会使学生感到厌倦，导致学生的思维变得呆滞，使他们滋生抵触情绪。因此，教师在教学中要以教学目的和教学要求为基准，精心挑选易理解且具有代表性的例题，避免反复讲解同一类型例题浪费宝贵的课堂时间，从而提高课堂效率。另外，教师还要根据学生的实际情况，为学生挑选一定量的具有代表性的习题，这样不仅避免了题海战术，为学生节约了一定的时间，而且能够达到巩固所学知识的目的，甚至能够使学生在高效的学习中培养学习数学的兴趣。

总之，提高高等数学的教学质量是教师的长期任务，教师的教学方法不能“以不变应万变”，要不断探索适应变化的教学模式，总结经验和教训，真正提高高等数学的教学质量。

## 第四节　高等数学课堂的几种教学模式

高等数学是高等教育中理工科专业学生必修的一门公共基础课，是学生学习各门专业课的基础。但是，高等数学内容的抽象和枯燥让很多学生望而却步，缺乏学习好高等数学的信心，如果老师的授课方式再是单一的，那么这门课程的教学效果会很差。因此，高等数学课堂教学模式的改革显得很有必要。本节针对几种教学模式进行探讨，分析各个教学模式的特点，为打造丰富多彩的高等数学教学模式抛砖引玉。

高等数学对于高校理工科学生的重要性显而易见，但是在通畅的网络和新媒体的影响下，单调的理论知识对学生的吸引力不堪一击，因此，传统的讲授式课堂，会使学生出现厌学情绪。因而，为了激发学生的学习兴趣，探究多样化的高等数学教学模式势在必行。下面分析几种效果较好的教学模式的特点，以期为灵活选用教法打下基础。

## 一、分组教学模式

对于规模大的班级，适宜用分组教学模式。首先对班级学生做一个简单的测验，掌握每位学生的学习基础，然后按照“强弱搭配”的原则，把学生分成6~8个小组，在教学中，让学生分组讨论并回答老师提出的问题，然后选取学生进行解答，如果该生不能回答出来，则要求小组成员一起讨论然后解答。教师根据每个小组的表现进行加分鼓励。小组的各项任务由组长负责管理。小组中一人表现好，集体加分；一人表现不好，集体扣分，从而使得整个小组内部学生互相监督。采用分组教学法，由于每位同学的集体荣誉感，更能够调动他们为小组争光的心理，积极与小组成员配合，完成老师分配的任务，既方便老师对学生进行管理，又提高了学生参与课堂的主动性。

## 二、分层次教学模式

分层次教学是针对学生的学习基础，对学生进行分层次，然后采用有差异的教学内容和教学方式。分层不是局限于一个班级，可以按照一个专业、一个系的所有学生进行，在开课前对学生进行数学基础测验，把学生分成三个层次：冲锋层、基础层、薄弱层。冲锋层的学生数学基本功扎实，教学中引导他们解决复杂问题，注重知识的灵活运用。基础层的学生能够理解基础知识，教学中注重基础知识的应用。薄弱层的同学学习能力差，理解基础知识困难，教学中对他们细致讲解基础知识，帮助他们掌握数学基本内容。比如在导数概念教学中，高层次的同学可以加强导数概念的理解和利用导数解决实际问题；中间层次的同学可根据导数公式，解决导数在几何中的应用问题；基础差的学生可以记住一些求导公式，对简单函数进行求导。学生分层、教学内容分层、测验分层，让每一位学生掌握自己能力范围内的知识，尊重学生的个人意愿，更有效地提升教学效果。分层教学模式实施起来的难点是需要协调各方关系对学生分层，操作起来困难大。

## 三、翻转课堂教学模式

翻转课堂式教学模式是指学生在课前自主完成知识的学习，而课堂变成了老师与学生之间、学生与学生之间互动的场所，包括答疑解惑、知识的运用等，从而达到更好的教学效果，主要是利用视频进行教学。教师可以选择较好的网络资源或自己课前录制教学视频，先让学生在课余学习。比如在讲定积分的概念时，可以准备一个视频，介绍定积分的产生背景，从而了解定积分的概念和性质。在课堂上，通过师生交流、答疑解惑和运用知识，让学生对教学内容有更加深入的认识，从而调动学生更高的学习兴趣。另外，可以选取典型例题录制成微课，让学生在课下完成解答。上课时老师考查学生学习情况，然后对存在的问题进行讲解，剩余时间可以进行小组比赛。实行翻转课堂教学，教师是学习的引导者，学生是学习的主动者，为培养学生勤于思考的好习惯创造条件。

## 四、对分课堂教学模式

对分课堂是 2014 年复旦大学的张学新教授结合讲授式和讨论式教学模式，提出的一种新的教学模式，即把一半课堂时间分配给教师讲授，一半分配给学生讨论，师生进行“对分”课堂，更为重要的特点是采用“隔堂讨论”，本堂课讨论上堂课讲授的内容。一般可以这样进行：第一步是传统的授课阶段，因为高等数学抽象性强，学生独自理解起来会比较困难，因此教师先讲授教学内容的重点和难点；第二步是学生吸收阶段，让学生在课后对基本内容进行总结归纳，找到自己的薄弱点；最后一步是课堂讨论，通过学生的消化吸收，完成对教材内容的理解，在讨论中巩固对所学内容的理解，讨论的形式可以是小组讨论、师生讨论。对分课堂中教师只需要讲授主要内容，讲授时间减短，避免了学生注意力集中时间短对教学造成的消极影响，教师更多地对学生的学习给予指导，从学生的讨论和提问中，能够感受学生接受新知识的能力，更方便因材施教。而且调动了学生学习的主动性，通过对同学们讨论中存在的问题的解决，提高教学效果。

## 五、闯关式课堂教学模式

借鉴游戏闯关的思想，产生了闯关式课堂，通过关卡设置、闯关规则、考核机制等的设计开展教学活动。首先教师把教学内容由低级到高级设置层层关卡，根据教学目标制定闯关条件，让学生根据教师讲解的闯关秘籍形式的内容探究和晋级，失败后重新挑战，直到通过所有关卡。学生在闯关和感受成功中，主动构建自己的知识体系，从而完成新的课程内容的学习。比如在函数的单调性和极值这节课中，可以设置基础概念提问考查学生的理解能力，设置函数极值的求法，培养学生的计算能力，设置极值的应用问题，培养学生的运用知识解决问题的能力，由简单到复杂，逐级提高。闯关过程持续整个学期，闯过一关后进入下一关的挑战，根据闯关的表现给学生打出平时成绩，督促学生主动分析问题和解决问题，提升学习能力。

## 六、问题驱动教学模式

问题驱动教学模式是以学生为核心，以问题为驱动，紧紧围绕“问题”进行教与学的教学方式。美国数学家哈尔莫斯（P. R. Halmos）曾指出：“问题是数学的心脏。”解决问题是驱动学生去学习、探索的外在动力，发现问题、提出问题能激发学生进行自主探索学习的积极性。操作起来要做到如下方面：首先，构建知识框架，以问题为导向。教师引导学生发现生活中数学应用的案例，以此为问题，将高等数学中的相关知识梳理出来，融入案例中，通过解决案例达到学习数学知识的目的。其次，在讲授理论知识时，要设置好层层递进的问题，一步步引导学生解决问题。比如在讲极限的概念时，让学生先观察一些数列的变化动态，将变化趋势抽象出来总结一下，就得到了极限的概念。最后，学习完新的教学内容后，设置由易到难的阶梯式问题，检验学生的学习效果。教师根据教学目标和学生能力，设计由浅入深的各类问题，可以是填空、判断、计算等，尽量细化，查缺补漏，对回答正确的学生给予加分与表扬，充分让学生体验到学习的乐趣。通过问题驱动教学模式，可以培养学生主动解决问题的能力。

## 七、开放式课堂模式

开放式课堂教学模式是针对封闭的、僵化的、教条的、缺乏活力的教学模式而提出的，具有丰富内涵。其大致特点如下：

### （一）时空的辐射性

开放式课堂教学模式以课堂为中心，从时间上说是向前后辐射，从空间上说是向课堂外、家庭、社会辐射，从内容上说是从书本向各科、自然界和操作实践辐射。全过程开放、全方位开放、全时空开放，这是和封闭式教学相比的显著不同点。

### （二）主体性

开放教学以人为本，强调人的主体作用，特别重视挖掘师生的集体智慧和力量，充分调动其积极性、主动性、自觉性。课堂上学生是学习的主体——问题让他们提、疑点让他们辨、结论让他们得——教师应充分放手激发学生的主动性和创造性。

### （三）方法的创新性

“没有最好，只有更好”“一题多解”，问题的答案不是唯一的，不受定式的影响，不受传统的束缚。思考、解决问题要多角度、多因果、多方位，创新形式是开放教学的核心。比如，在讲极限的计算时，鼓励学生用各种方法求得结果。

### （四）与时俱进性

课堂教学只有与时代事物结合才能永远具有生气勃勃的活力。教材的改革远远滞后于时代迅猛发展的步伐。因此教师应有意识、有计划地吸收科技发展的前沿成果，让我们的课堂永远跳动着时代的脉搏。

### 八、集启发式、探究式、讨论式、参与式于一体的课堂模式

《国家中长期教育改革和发展规划纲要（2010—2020年）》倡导的“启发式、探究式、讨论式、参与式”课堂教学模式，是启发学生的好奇心、发挥学生的学习主动性、培养学生创造性思维、改变灌输式教学的教育方式，对于打造高素质创新型人才具有十分重要的作用。其核心是启发，主要形式是探究和讨论，主要表现是学生为教学活动的重要参与者。首先，教师根据教学的重难点，有目的、循序渐进地进行启发式讲授，让学生在思考中掌握书本知识；其次，在启发式授课的引导下，教师针对学生的难点和疑点，为学生准备讨论和探究的题目，让学生进行讨论和探究，解决老师所提的问题；最后，讨论结束后，教师根据课堂的具体情况，引导学生对重点知识做出归纳和总结，从而准确地掌握教学内容。整个过程，学生的参与性时刻被放到首位，以保证教学效果，教师可根据学生表现进行奖惩，做好监督。

在上课过程中，不论哪一种教学模式，都有自己的优点和缺憾，但是均对传统教学做出了改革。在课堂教学中，根据课程内容，选取合适的教学模式，扬长避短，从而达到理想的教学效果。丰富的教学模式，为学生喜欢数学、探究数学内容提供更好的教学环境。好的教学模式，不但能让学生学得知识，更重要的是培养学生良好的思维习惯，提升学生的综合素质，为国家培养栋梁之材贡献力量。

## 第五节　基于雨课堂的高等数学教学实践

本节探讨了差异教学在高等数学教学中的应用，提出了应用雨课堂实施差异教学理念的方法，总结了大学生数学差异教学的模式实施的可行性及初步方法，提出了以知识点资源建设为载体的问题交互模式，通过学习路径的方式获得具体数据，为后续用社会网络技术分析学习行为提供必要的数据。

高等数学教学要把理论供给与个人需求、知识传授与情感共鸣、传统优势与信息技术、课堂教学与社会实践有机结合起来，解决好真学、真懂、真信、真用的问题，切实增强大学生数学课获得感。

高等数学教学研究应该重视学生学习的过程，研究数学教育教学的理论与智力来源，重视知识的发生和发展，给学生留有充分的时间与空间。教学活动过程中，教师要使学生亲自参与获取知识与技能的全过程，激发数学学习兴趣，培养运用数学的意识与能力。

大学的数学教学中，由于生源层次、知识储备等方面的差异，传统“一刀切”统一标准、统一目标的课堂教学弊端日益凸显。

在高等数学的教学中教师能意识到学生个体学习的差异性，但在统一的教学目标、教学内容、教学过程、教学方法、教学组织形式、教学评估等方面并没有满足学生不同的需要、学习风格或兴趣等。

这就要围绕学生、服务学生，聚焦其所思、所想、所盼、所求。坚持一把钥匙开一把锁，使理论供给与个人需求合拍对路。突破传统的教学模式，探索结合学生自身学习的个性发展方式，是目前提高高等数学教学效率的重要任务。笔者的教学实践成效和数据表明，改变教学模式，兼顾学生个体学习的差异性，有效照顾学生之间的差异，设计差异性教学模式，学生对学习内容了解的正确率提高一倍，开展差异化教学势在必行。

当今时代，互联网突破了课堂、学校和知识的传统边界，以“两微一端”为代表的新媒体对学生的影响越来越大。只有赢得互联网，才能赢得青年；只有过好网络关，才能过好时代关。

综上所述，本节提出基于雨课堂的高等数学的教学实践，突破传统教学模式，实现差异性教学的实践与探索。

## 一、雨课堂在高等数学教学中的优势

雨课堂基于 PowerPoint 和微信（因为教师最常用的软件就是这两个，不需要硬件投入，快捷易上手），针对师生互动不顺畅、数据收集不完整、在线教育不落地等多个问题进行了集中的解决。

雨课堂提供了课前预习 + 实时课堂 + 课后考卷全程教学活动的数据采集，从经验主义向数据主义转换，以全周期、全程的量化数据辅助教师判断分析学生学习情况，以便调整教学进度和教学节奏，做到教学过程可视可控。组合使用线下活动或翻转课堂或项目实验，让师生教学融合更紧密，教学相长。

## 二、高等数学差异教学理念通过雨课堂的实践与探索

### （一）差异教学理念概述

差异教学继承了我国“因材施教”的教育思想，但又在此基础上有新的发展。孔子当时提出的因材施教立足于个别教学，现在倡导的差异教学立足于集体教学；因材施教的“材”在孔子心目中主要是指天赋的品德才能，差异教学的差异则主要是指个性差异，是先天因素与后天教育环境的相互作用；由于时代的局限性，因材施教在一定程度上体

现出“以教为中心”,注重对个体教化。差异教学则强调“教”为“学”服务,立足班集体,强调共性与个性辩证统一。满足学生的不同需要，尊重差异，促进学生自主地最大化地发展。

差异教学是一种能体现教育教学原理的重要思想，也是一种教学的重要手段，它强调“再创造和重视过程性的教学原则”与“教师的主导性和学生的主体性相结合的教学原则”。这与弗赖登塔尔、波利亚等人提出的教学方法惊人相似。

### （二）通过雨课堂实施的高等数学教学改革内容

我们将探讨大学数学网络教学平台建设中的一个具体问题，即如何提高大学生数学学习兴趣、学习效率，总结了大学生数学差异教学模式实施的可行性及初步方法，提出了以知识点资源建设为载体的问题交互模式，以学习路径的方式获得具体数据，为后续用社会网络技术分析学习行为提供必要的数据。

依据差异教学的理论，探讨差异教学在高等数学教学中的应用，提出应用雨课堂实施差异教学理念的方法。

将雨课堂应用于评估学生个体数学知识和能力中，根据评估结果，将学生分为几个学习层次；在教学中，应用雨课堂教学软件，上传学习课件、测试题和课后作业题，提供课前预习，辅助课堂教学，为各层次的学生提供差异化的学习支持；通过雨课堂布置课后预习及选择题形式的小测验，检测学生的学习效果；对于不同层次的学生，规定其作业题完成的数量及难易程度来实施高等数学差异化教学。

课上 + 课下 + 课后的雨课堂，基本实现了教师对教学全周期的数据采集工作，从课前预习、课堂互动、课后作业等层面,帮助教师分析课程数据,量化分析学生的学习情况,精准教学。

## 三、基于雨课堂的差异性教学模式推进了高等数学教学的改革

突破传统的教学模式，探索结合雨课堂的高等数学教学新模式，适于学生自身学习的个性发展方式。为高等数学的教学注入新的活力，使枯燥乏味的课堂氛围不再出现；让学生在高等数学学习中获得满足感，真正构建起数学知识的理论体系，锻炼出一种追求真理、探索数学奥秘的科学精神。促进每个学生在原有基础上，使高等数学学习都得到最大发展或者说使学生的潜能得到最大的挖掘，使学生能够找到一种属于自己的学习环境与学习方式，充分挖掘学生所具备的潜能，实现数学教育的价值。改变学生被动学习的现状，提高学生对数学学科的兴趣，树立学好数学的信心。拓展学生的数学学习思维，突出数学的探究性规律和数学素养的培养。

创建集问卷、口述及数学第二课堂（如数学建模、数学实验、数学文化等）考查等形式为一体的大学生数学知识和能力的综合评估模式。创建针对大学生个体量身定做的课后复习及练习的系统的高等数学内容。整理出基于雨课堂的系统的课堂教学课件及课后复习、练习等电子内容，供教师分享资源。

# 第六章 数学文化与高校数学教学的融合

## 第一节 文化观视角下高校高等数学教育

近年来，我国教育体制改革深入实施，各所高校逐渐提高对高等数学教学的重视度。数学文化作为人类文明的重要构成，是高等数学教育和人文思想的整合。高校要想提高高等数学教学质量，应注重数学文化的渗透，并深度掌握数学文化的特征。本节通过分析文化观视角下高校高等数学教育价值，以及数学文化特征，探索高校高等数学教育面临的困境，最终提出相关应对措施，以期为高校高等数学教育提供参考。

数学文化在数学教育持续发展中逐渐形成，随着时代变化，数学文化也在持续更新。在文化观视角下，高等数学教育不但蕴含数学精神、数学方法等，还包含高等数学和社会领域的联系，以及与其他文化间的关系。简而言之，文化观即应用数学视角分析与解决问题。利用文化观视角处理高等数学问题，有利于学生深入理解与学习高等数学知识。同时，由于数学文化蕴含着丰富的内涵以及趣味性的高等数学内容，有助于调动学生对高等数学学习的热情。因此，在高等数学教育中，教师应适当渗透数学文化观，引导学生应用文化观视角解析高等数学问题，使学生全面理解高等数学，并应用高等数学知识处理问题。

### 一、文化观视角下高校高等数学教育价值

#### （一）调动学生对高等数学学习热情

文化观视角下，高等数学教育应适当增加文化内容教学。数学文化区别于传统直接地传授抽象、较难理解的高等数学知识，文化相对灵活，并且丰富性及趣味性较强。高等院校中，高等数学作为多数专业的基础学科，其理论知识对于部分大学生而言，较为抽象难懂。要想使学生深入理解高等数学知识，需要高等数学教师在课堂中应用案例教学方式，通过列举实际例子辅助知识讲解。并且，单纯地讲授高等数学理论，学生对其兴趣较低。因此，渗透数学文化，有助于引导学生了解高等数学知识，调动学生学习热情。

### （二）促使学生充分认知数学美

文化观视角下，高校高等数学教育有助于推动大学生充分认知数学美。文化具有丰富多彩及艺术美感的特征。文化内涵需要学生与教师经过长期探索，感知其含义。数学文化沉淀了多年来相关学者对数学的探索与研究。其中蕴含的任何一个内容均有其存在的特殊价值与意义。并且，在了解文化内涵的过程中，可以深刻感知其趣味性及数学美。同时，高等数学并非单纯的由数字构成的理论知识，高等数学具备自身独特的艺术美感，并存在一定规律。

## 二、数学文化特征

### （一）数学文化具有统一性特征

数学文化作为传递人类思维的方式，具有其特殊的语言。自然科学中，尤其是理论学中，多数科学理论均应用数学语言准确、精练地阐述。比如，麦克斯韦提出的电磁理论，以及爱因斯坦的相对论等。新时代下，数学语言是人类语言的高级形态，也是人们沟通与储存信息的主要方法，并逐渐成为科学领域的通用符号。除此之外，由于高等数学知识自身逾越地域及民族限制，数学文化作为人类智慧的结晶，伴随社会进步，数学文化统一性特征在日后会凸显在各个领域。

### （二）数学文化具有民族性特征

数学文化是人类文化中蕴含的重要内容，存在于各个民族文化中，也彰显出数学文化民族性的特征。同时，数学文化受传统文化、地区政治及社会进步等因素的影响。民族所在地区、风俗、经济以及语言等内容的差异，产生的数学文化也不同。例如，古希腊数学与我国传统数学均具有璀璨的成就，但其差异性也较大。相关学者指出，若某一地区缺乏先进的数学文化，其注定要败落。同时，不了解数学文化的民族，也面临败落的困境。

### （三）数学文化具有可塑性特征

相较其他文化，数学文化的传承与发展，主要路径是高校高等数学教育，高等数学教学对文化的发展具有十分重要的作用。数学知识渗透在各个领域中，要想促进科技、文化及经济等进步与发展，数学是有效路径。数学自身具备的特征，决定其文化中蕴含知识的可持续性及稳定性。因此，教育工作者可通过革新高等数学教育体系，在其中渗透数学文化。数学作为一种理性思维，对人类思想、道德以及社会发展均具有一定影响。从某种意义上而言，数学文化具有可塑性特征。

## 三、高校高等数学教学面临的困境

### （一）教学理念相对落后

高等数学的特征主要呈现在由常量数学转向变量数学，由静态图形学习转向动态图形学习，由平面图形学习迈向空间立体图形学习。在文化观视角下，部分高等数学教师仍采用传统教学理念。在高等数学课堂中，教师并未将数学文化与高等数学教学有机结合，教学理念也相对滞后，对文化观背景下的高等数学内涵认知较为局限。例如，在空间立体图形相关知识学习中，教师利用多媒体将图形呈现给学生，用多媒体替代黑板加粉笔的组合。但这一方式，以高等数学教师为中心，多媒体用于辅助教师讲授知识。教师往往忽视学生的学习方法，对数学文化的渗透也相对不足。

### （二）缺乏创新教学模式认知

高等数学学科具有独特性，数学逻辑严密，内容丰富。但是，在文化观视角下，高等数学教学面临创新性不足的难题。一方面，高等数学教学中无法体现文化观内容。数学课堂作为评价教学质量的主要途径，传统教学模式中，部分教师过于注重数学公式、解题技巧以及概念的讲解，忽视与学生的互动交流，学生实践解题的机会较少，难以检测自身对高等数学知识的掌握程度。另一方面，课堂进度难以控制。部分教师虽在课堂中渗透数学文化，但往往将数学知识全部展示给学生，导致课堂进度较难控制。

### （三）评价体系缺乏合理性

近几年，我国高校针对高等数学的教学评价还未完善，缺乏合理性评价机制较易导致功利行为。高等数学作为基础性工具学科，其价值往往被学生忽视。多数大学生较为注重自身专业课的学习，对相对抽象且难以理解的高等数学学科重视度不足，缺乏对高等数学学习的积极性。因此，学生在课堂中与教师互动不足，导致教学评价内容相对单一。部分院校将高等数学课堂中，教师是否渗透数学文化作为评定教学质量的主要指标。除此之外，文化观视角下，高等数学教师评价学生时，往往停滞在评定学生成绩的层面，忽视了高等数学课堂中，学生呈现出的数学能力以及高等数学知识结构，导致多数学生对高等数学教学评价结果不认同。这一缺乏合理性的评价体系，对高等数学教师教学的积极性、学生学习高等数学的主动性均产生反向影响，对高等数学教学质量的提高造成阻碍。

## 四、文化观视角下高校高等数学教学的有效策略

### （一）重视高等数学与其他学科间的交流

高等数学不是单一的学科，作为基础性工具学科，高等数学与其他专业均有紧密联系。例如，化学专业、软件技术专业等。并且，多数专业的学习均以高等数学作为基础。高等数学学习十分重要，要想使学生充分认识到其重要性，高等数学教师应加强高等数学与其他专业间的交流。在讲授高等数学理论的同时，引导学生学习其他专业知识，促进学生深度了解数学德育应用范围。通过这一方式，使学生认知到学习高等数学的价值，有助于调动学生自觉学习高等数学的积极性。

### （二）革新教学理念

革新教学理念，提升高等数学教师综合素养。高校应呼吁教师群体通过调研、探讨等方式，逐渐确立文化观视角下的高等数学教学理念，并将其实践到高等数学教学中。在这一基础上，高校相关部门应倡导、推广、践行新型高等数学教学理念，促进院校高等数学教学迈向数学文化的方向。此外，高校高等数学教师应深刻认知到，单纯凭借教材知识的讲解，难以调动大学生对高等数学的求知欲。然而，丰富、具有趣味性的数学文化可以吸引当代大学生的关注。因此，高等数学教师不但应将教材中蕴含的高等数学知识讲授给学生，还应在教学中渗透数学文化。革新教学理念，使大学生在丰富有趣的数学文化中，深入理解与学习高等数学知识，实现高等数学教学目标，促进学生数学能力的提升。

### （三）创新教学模式

高校高等数学课堂中，传统依赖教材讲解知识，学生听讲以及练习数学习题的教学模式，已经无法满足大学生发展的要求。由于高等数学知识相对抽象，传统的教学方式难以使学生深入理解。同时，大学生历经小学、初中以及高中等阶段的数学学习，在高等数学学习阶段，大学生自身已经了解相对完整的数学体系。因此，教师在高等数学教学中，应增加引导学生学习的教育环节，使学生可以将自身所学的高等数学知识熟练应用到生活中，并具备解决实际问题的能力。在文化观视角下，教师应将高等数学知识和实际问题有机融合，在实践中培养学生的逻辑思维以及分析问题的才能。高等数学教师应为学生供应充足的实践机会，引导学生利用高等数学理论解决实际问题。在这一过程中，教师应起到辅助及引导作用。这一教学模式，不但可以培育学生对高等数学的热情，强化学生的综合能力，还能使学生切实认知学习高等数学的价值及意义，并在解决问题

后，获得一定的成就感。

综上所述，高校高等数学教学中，部分教师还未深刻认知到数学文化的重要性及价值，对文化观的重视程度相对较低。但伴随着高等数学教育的革新与发展，多数教师逐渐意识到高等数学课堂渗透文化观的重要性，并践行到高等数学教学中。随着教师综合素养的持续提升，在高等数学教学中结合数学文化，有助于使学生逐渐增加对高等数学的兴趣，激发学生求知欲，进而优化高等数学教学质量，促进高校教育事业以及大学生共同发展进步。

## 第二节　数学文化在大学数学教学中的重要性

数学文化在大学数学中占有重要的地位，如何更好地在大学数学教学中融入数学文化是当前面临的难题。本节首先浅析大学文化在大学数学教学中的内涵和重要性，同时详细分析数学文化在大学数学教学中的具体应用。

数学是社会进步的产物，推动了社会的发展。数学文化融入课堂改变传统的教学方式，以便更好地提高学生的学习兴趣，充分发挥学生的主体作用，培养学生的逻辑思维。教师通过不断创新教学方式，提高课堂教学水平，确保教学质量。将数学文化应用在大学数学课堂中，更好地提升教学理念，可以激发学生学习数学的兴趣。

### 一、数学文化在大学数学教学中的内涵与重要性

#### （一）数学文化的基本内涵

不同的民族有不同的文化，所以有属于文化的数学。中国的传统数学和古希腊数学都有辉煌的成就和价值，但是二者存在明显的差异。数学文化的基本内涵主要包含以下几个方面：

（1）物质形态。人类在探索数学世界的过程中必须借助一定的工具和设备。

（2）精神形态。数学中也蕴含着数学家的道德观念、情感态度、内心信念和价值体系，而且数学本身也蕴含着理性精神。

（3）知识形态。人类在探索数学世界的过程中，建立了数学概念，发现了数学规律，构建了数学理论，并用专门的语言和符号表达出来。这就构成了一个综合的数学知识系统。这是人类认识世界的数学劳动与智慧的结晶，是数学文化的知识形态。

（4）组织形态。人们在从事数学活动的过程中构成了一个特殊的群

体——数学共同体，这个共同体包括一切从事与数学相关的活动的社会群体及其活动和活动方式。

### （二）数学文化的重要性

数学文化在大学数学中的重要性，主要包括两方面：①提高学生的学习兴趣。数学教师在课堂中可以结合数学文化进行教学，提高学生对数学的学习兴趣，从而提高课堂教学质量。在课堂中运用不同的教学方法，不仅能激发学生的学习兴趣，还能提高教学质量。结合实际课堂背景，教师可以通过多媒体方式进行教学。多媒体功能齐全，可以展示数学文化的视频、图画，吸引学生的注意力，从而使数学课堂变得更加丰富生动。教师在教学的过程中，应该结合实践培养学生的逻辑思维能力。②培养学生的创新能力。教师是课堂中的引导者，学生是主体，教师要与学生建立良好的关系，平等交流。大学是培养学生逻辑思维能力的关键阶段，在数学课堂教学中融入数学文化，对培养大学生的逻辑思维创新能力尤为重要。数学教师可以制定具体的教学目标，在制订教学方案时要从学生的实际情况出发，这样才能在教学的过程中充分地发挥数学文化的作用。

## 二、数学文化在大学数学教学中的具体应用

### （一）改变传统教学理念

在大学阶段学习数学，教师不但要向学生传授课本知识，同时还要结合数学文化，让学生认识数学发展的历程，提高学生学习数学的兴趣。通过在课堂上学习数学知识，学生在掌握数学知识的同时，还了解了数学文化。比如，伟大的数学家阿基米德，在数学领域具有突出贡献，他的很多手稿保留至今。很多数学家把阿基米德的原著手稿翻译成现代几何知识。利用阿基米德的数学成就潜移默化地让学生认识数学，增加学生的数学知识。

### （二）丰富课堂内容

大学教师在开展实践活动时，要结合学生的实际情况制订具体方案。选择最优质的数学内容，丰富课堂教学内容，丰富数学文化的基本内涵。数学教师在课堂中结合数学文化，在课堂中适当结合数学历史，讲授数学的发展历程。课堂中融入数学文化，首先应该让学生知道数学是一门专研科目，运用推理法和判断法可以解决数学问题等。当前教学的改革越来越关注学生的发展，所以需要教师提高教育水平、创新课堂教学方法、具备高效的数学课堂教学理念。比如学校可以组织关于数独、填色游戏等一系列数学实践活动，使学生在活动中培养逻辑思维能力，同时还激发其对数学的兴趣。

### （三）强化数学史的教育

大学数学教师在课堂中应该加强数学史的教育，丰富数学文化。例如，可以介绍以华人命名的数学科研成果、中国的数学成就、数学十大公式以及著名的数学大奖等有关数学的知识。通过这种传授方式，能够让学生从宏观的角度了解数学的发展历程，同时对数学历史进行研究，学生还可以了解中外数学家的成就和重要的品格。最重要的是，了解数学的发展历程，探究数学家的思想，可以帮助学生掌握数学发展的内在规律，对数学的学习进行指导。

### （四）了解数学与其他学科之间的联系

教师在课堂中要引导学生了解数学与其他学科存在的联系，可以在课堂中介绍物理学、天文学等与数学息息相关的重大发现。牛顿的力学和爱因斯坦的相对论、量子力学的诞生等重要的研究成果都是以数学作为基础的。现代许多高科技的本质就是运用数学技术进行研究的。例如，指纹的存储、飞行器模拟以及金融风险分析等。当今数学不是通过其他学科进行技术研究，而是直接应用在各个技术领域中。

综上所述，数学不仅是一种文化语言，也是思考的工具。将数学文化应用在大学数学课堂中，能提升学生的独立学习能力。学生在独立学习的过程中，找到学习的方法。教师通过课堂检测发现学生存在的问题，进一步引导学生探索正确的学习方法。因此数学教师要对数学不断地探究和发现，充分发挥数学文化在大学数学中的作用，吸引更多学生学习数学，进而创造更多的数学文化价值。

## 第三节　大学数学教学中数学文化的有效融入

数学是一门十分有魅力的学科，学习数学对大学生来说意义重大。数学不仅是科学技术知识学习的基础，而且和生活有紧密的联系。笔者从数学文化的重要意义与作用出发，探究大学数学教学中融入数学文化的有效路径。

高等数学教育是大学教育课程体系中的重要组成部分，数学教育不仅仅是一门单独的学科，与其他的学科也有极大的关联性，尤其是理工科。数学文化一方面可以提高学生学习数学的兴趣，增强学生对数学的理解，帮助学生提高等数学学成绩；另一方面也能够帮助学生感受到数学与社会之间、数学与生活之间、数学与其他文化之间的紧密联系。这对学生理解和学习数学、融入其他的知识体系有十分重要的意义。但是，目前一些院校并没有将数学文化的教育纳入数学教学课程体系之中，对数学文化教育的重视程度还不够，没有充分理解到数学文化对数学学习的重要意义，师资力量不够强，评价制度不够完善。鉴于此，笔者探索将数学文化融入大学数学教学的路径。

## 一、加强师资队伍建设

在大学数学教学中融入数学文化是需要教师资源的有力保障才能完成的工作。没有优质的教师，在大学数学教学中融入数学文化这项工作就不可能很好地推进。进行教学工作的教师是决定教育成果的根本力量，因此，必须加强师资队伍建设。

### （一）增强大学数学教师的专业知识

大学数学教师在数学文化融入大学数学教学中起到引导作用，他们本身的数学文化基础和对数学文化的理解、掌握程度对在大学数学教学中融入数学文化具有根本性的影响。大学数学教师应当对数学史有深刻的学习，准确把握数学史的发展、数学文化和数学思想;准确掌握数学语言,能够运用数学语言让大学生感受到数学文化的魅力。在教授过程中，大学教师要增强自己对数学与社会关系的认识。数学不是一门孤立的学科,与社会有很强的关联性,可以说,在社会的方方面面,在每个人的工作与生活中,都要运用到数学知识解决一些问题。教师在教学中要很好地将数学文化与数学教学结合起来。

### （二）加强教师的职业道德

大学教师不仅是把知识传授给学生,更是道德品质的楷模。教师在进行大学教学时,要以严谨的作风和扎实的行为开展大学数学教育工作。教师的职业道德素养决定着教育的质量，影响着教学成果。就数学文化融入数学教学中这项工作而言，教师的工作作风和道德品质有极其重要的影响。

### （三）为大学教师提供良好的生活保障

建立专业的大学教师队伍对发展数学文化融入数学教学中有十分重要的意义。只有当教师的生活得到了基本保障，才可能全身心地投入教学。在数学教学中，才能创新工作方法，将数学文化引入数学的教学中，提高教学效果和教学质量。

## 二、与时俱进，转变教学思想

在大学数学教学中，思想影响着教学效果。目前一些大学教师对数学文化融入数学教学中的认识不够充分，没有完全认识到将数学文化融入数学教学中的重要意义。数学文化可以加深学生对数学的理解认识，提高学习数学的兴趣，对数学教学可以达到事半功倍的效果，然而在实际的教学中，一些教师并没有将数学文化融入数学教学教学中。在教学中，仅仅将数学的解题方法和枯燥的数学公式作为数学教学的重要内容。教师应该认识到数学文化对数学教学的重要意义。大学教师应该认识到数学教育是大学教育中的一部分。数学不仅是一门学术型教育，而且是一项人文教育，将数学文化融入大学数学教学中，能够增强学生的人文气息，让学生在学习数学的同时融入社会、融入生活，将数学知识融入其他各项知识之中。学校要营造数学文化的氛围。数学文化的氛围营造对将数学文化融入大学数学教学中有极其重要的作用。学校可以在公共部位张贴数学文化的宣传海报，组织数学文化的宣讲会，让学生充分认识到数学文化的重要意义，在校园内营造数学文化的传播氛围。学生要转变思想。学生是学习数学的主体，他们的思想得不到转变，数学教育的效果就不会有显著提升。教师在进行数学教育时，要教育学生的思想，提高学生的思想认识，让学生充分认识到数学文化也是数学教学中的重要内容；在教学中注意引导学生自主学习数学文化的兴趣和能力，让学生感受到学习数学文化的重要性。

## 三、完善数学文化的教学体系

在教学中融入数学文化的教育内容，需要不断完善数学文化的教学体系。从数学教学的整体出发，将数学文化内容融入整个数学教学体系中，对促进数学文化融入数学教学有十分重要的作用。

首先，将数学文化思维融入数学教学体系中。数学思维是数学文化的重要组成部分，数学教学的意义在于让学生用数学的思维思考问题。数学思维是严谨的思维、科学的思维。善用数学思维、巧用数学思维，对学生学习数学有重要的促进作用。在数学教学中，将数学思维教育作为主要教学内容是推动数学文化融入数学教学中的一部分。

其次，将数学语言作为重要的数学文化内容融入数学教学中。数学语言也是数学文化中重要的内容，主要由符号和抽象的数学概念组成。运用数学语言能够准确地表达数学的思想、数学的思维方式和数学的思维过程。语言是文化传播的载体，在数学方面也不例外，数学语言也是数学文化传播的主要载体。在大学数学教学中融入数学文化一定要学会用数学语言这一重要工具，善用数学语言传播数学文化，一定能对促进数学文化在大学数学教学中的融入有重要作用。

最后，重视大学数学文化课程体系建设。大学课程虽然已经有完善的课程体系，但是并没有将数学文化的教学内容科学地纳入教学体系之中，并没有单独的数学文化教学课程。在实践教学中，应当将数学文化作为一门重要的课程，对学生进行单独的教学，提高学生对数学文化课程的重视程度。

### 四、建立数学文化教育的考核评价体系

考核评价是检验数学文化教学的重要抓手，建立数学文化教育的考核评价体系有利于推动数学文化融入数学教学之中。

一是推动数学文化融入数学教育的教师考核评价。数学文化融入教育教学的具体工作成绩作为数学教师绩效考核的重要指标，考核大学数学教师在进行数学教育的过程中是否将数学文化融入数学教学中，有没有让学生感受到数学文化的魅力、体会到数学文化的精髓。应对在这方面做得较好的教师给予宣传和奖励，以激励其他教师。在数学教学中融入数学文化的内容，将表现较好的教师的教学方法进行广泛的宣传和推广，扩大影响范围。将好的教学方法分享给其他的教师，提高等数学学文化融入数学教学中的实际影响力。对于在这方面做得较差的教师，给予批评和指导，帮助他们将数学文化融入数学教学中。

二是建立学生的数学文化考核评价制度。在对学生进行课程考核时，将数学文化的学习成果作为考核指标之一，这将提高学生对数学文化学习的重视程度和学习的主动性。单纯将数学计算的考核成绩作为评价指标不利于全面评价学生数学学习的情况。将数学文化的学习情况作为学生数学学习成绩的评价指标之一，对全面评价学生的数学学习情况有十分重要的意义。对于在数学文化学习上取得成绩的学生应给予奖励，激励他们在今后的数学学习中发挥优势，注重数学文化的学习，并将其作为学习的榜样。

## 第四节　数学文化提高大学数学教学的育人功效

将数学文化渗透到大学数学教学中具有重要意义，它能够培养大学生的数学文化素质。本节对数学文化进行简要阐述，研究数学文化在大学数学教学中带来的育人功效，并在最后阐述在大学数学教学中渗透数学文化的方法。

随着数学文化思想的不断渗透，人们对数学教学工作也更为重视，特别是大学生的数学素质在当今教育发展中具有重要意义，所以，加强数学文化的教学实践过程，不仅能使学生在数学学习中感受到文化，还能形成不同的文化品位，从而提升数学教育与数学文化的概括性发展。

学生一般会认为数学是一种符号，或者是一个公式，它能够利用合适的逻辑方法计算，并得出正确的答案。1972 年，数学文化与数学教学作为一种研究领域出现，并象征

着传统的知识教育转变为素质教育。所以，在大学数学教学中，要利用传统的教学方法，提升学生的素质能力。

传统的文化素质教育，主要培养学生的人文素养，并提高学生在自然科学中的科学素质以及文化素质。数学教学不仅是一种文化教学，也是一种科学思维方式的培养过程。所以，在数学教学中，学生形成一定的认知情况下，对学生的成长以及生命的潜在需求进行关注，并将学生的知识思维转移到价值发展思维上去，形成一种动态性教学形式，在这种情况下，不仅能使学生在课堂教学中形成全面认识，还能促进学生在认知、合作以及交往等能力方面的相互协调与发展。

当前，在数学课堂中主要对数学中的定理与公式更为关注，但这并不是数学的本身。在课堂教学中，都是经过习题训练的方式才能掌握数学知识的真实信息，要促进该方式的优化与改善，就要将数学文化渗透其中，并促进数学理念与数学模式的创新发展，然后将数学文化与一些抽象知识联合在一起，以保证数学课堂具有较大的灵活性。而且，通过对数学思想的深度研究，学生的创造意识以及理性思维精神也得到积极培养。其中，数学中形成的理性知识是在其他学科中无法实现的，它是数学中的一种特殊精神。因此，在数学教学中，不仅要重视相关理论知识的传输，还要重视育人，使学生认识到数学文化的重要性，激发学生的学习兴趣与学习热情。数学中的教与学是一种互动过程，它能够让学生在其中积极探讨，所以说，利用数学文化不仅激发了学生的积极性与主动性，促使学生形成良好的创新精神，还使学生更热爱数学，合理掌握数学知识，以提高自身的科学文化素质。

## 一、数学文化应用到大学数学教学中形成的育人功效

### （一）执着信念

将数学文化渗透到大学数学教学中能够使学生形成执着的信念。信念是认知、情感以及意志的统一，人们在思想上能够形成一种坚定不移的精神状态。大学生如果存在这种信念，不仅能在人生道路上找到明确的发展目标，为其提供强大的前进动力，还能形成较高的精神境界。信念也是一种内在表现，主要包括人生观、价值观等，而存在的外在表现更是一种坚定行为。所以，大学生在人生的道路中要确立目标，就要将信念作为一种动力。我国在当今发展背景下，已经将国家发展落实到青年中。因此，在这种发展情况下，大学生更要加强自身信念，并形成正确的人生价值观，这才是教育工作者在发展过程中应主要思考的内容。当前，大学生的思想政治都是积极向上的，面对现代较为激烈的竞争社会，一些大学生也存在盲从现象，不仅形成的信念比较模糊，也产生一些

社会责任问题。所以，在大学数学教学中，将数学文化渗透其中，能够对大学生的人生价值观进行积极引导。如在大学数学微积分课程中就存在一些育人功效，不仅能阐述数学的发展历史，使学生感受到数学家的独特魅力，还能使其从知识中获取更多鼓励，并增强学习信念。

### （二）优良品德

在大学教学中，学生不仅要具备完善的科学技术文化，还要形成较高的思想道德品质。在大学数学教学过程中，也要使学生养成一些优良品德，所以，将数学文化贯彻到大学数学教学中，能够将一些育人功效完全体现出来。其中，教师就要适时转变，不断调整，以使学生能够适应大学生活。很多学生在高中阶段都向往大学的自由，但大学生活与学生想象的存在较大差异，这时候他们会比较失落、沮丧，所以，应对大学生实践进行及时调整。例如，在微积分课程中，针对一个问题，要求学生利用多种思维、学会变通，保证能够在解决问题期间随机应变。还要使学生将数学真理作为主要依据，并学会创新，从而形成正确的人生观与价值观。将数学文化渗透到大学数学教学中，能够对大学生善于发现问题、随机应变的解题能力进行培养，并使其在其中学会创新，以促进其全面发展。

### （三）丰富知识

将数学文化渗透到大学数学教学中，能够使学生掌握丰富的知识。因为在大学数学学习中，学生不仅要具有较强的专业知识，还要形成广阔的视野。大学数学是高校开设的一门必修课程，能够提升学生的数学能力。在实际教学期间，教师不仅要传授知识与训练能力，还要不断挖掘课程中的相关素材，以保证数学文化、数学历史以及数学知识等在课程中得到充分体现。数学真理都是经过实践验证的，学生经过学习，不仅能够养成敢于挑战的精神，还能将相关思想应用到其他科目中。

### （四）过硬本领

将数学文化渗透到大学数学中，能够培养学生的过硬本领。随着我国数学历史文化的深远发展，人们在生产与生活中都需要数学知识。在新时期，数学在科学技术、生产发展中发挥了巨大作用，并在各个领域中得到充分利用。其中，微观经济学中就需要函数、微积分等知识，能够利用数学手段解决社会与市场上面对的问题。例如，万有引力定律、狭义相对论以及方程形式等都是利用数学知识得来的，所以说，数学在很多领域中扮演着较为重要的角色。而且，将数学文化渗透到大学数学教学中，还能提高学生的数学素养，使其形成过硬的自身本领。文化是人们在社会与历史发展中创造的物质财富以及精神财富，它不仅是一种价值取向，也能对人们的行为进行规范。数学文化的形成存在较高的文化教育理念，能够对存在的问题进行分析解决。因此，使学生在数学学习中感受到数学文化与社会文化之间的关系，从而使其数学文化素养得到积极提高，保证创新人才、高素质人才的培养目标积极形成。

## 二、渗透数学文化提高大学数学教学功效的对策

### （一）转变数学教学观念

在大学数学教学中，教师要转变传统的思想观念，保证在实际的数学教学中纳入数学文化。数学观的形成在教学中存在着较为客观的影响，数学教师的思想观念直接影响着学生对数学知识的掌握，如果形成不合适以及消极的数学观念、数学教学方法，对学生的思维发展产生的将是负面影响。为了增强对它的认识，并在思维方式上形成积极以及完美的追求，就要体现出逻辑与直观、分析与构成、一般与个性的要素研究。只有共同的发展力量才能实现数学的本身价值，因为数学并不是表面上一种简单的知识总和，人们主要将其看作一种创造性活动。所以说，数学观念有多种特点，其中也包括多种数学教学方法。现代科技文化与现代形态都是在数学思想上发展起来的，所以，数学教育者应改变传统的、单一的数学观念，并促进其教学符合当代的发展需求。数学也是一种逻辑体系，在其创造过程中需要猜测、推理等。不仅要在大学数学教学中体现出理性精神，还要将社会文化作为依据，促进人文价值的实现。在大学数学教学过程中，教师要促进数学理性精神与文化素质的结合发展，并根据数学思想的积极引导，有效促进自身传授的有效性，保证数学思想得到合理渗透。

### （二）联系文化背景

结合文化背景，促进大学数学教学课堂的优化。在高考教学目标的积极引导下，学生认为数学学习是为了考试，所以，为了使学生形成正确的学习思想，教师应根据文化背景进行分析。目前，大学数学课程中的相关知识都比较陈旧。在西方，人们认为数学中的一些知识都要利用逻辑方法对其证明。从古希腊时代到如今，数学在自然发展以及社会进步中都具有较大作用，根据我国发展的具体情况以及古代的一些数学思想，它成为一种使用技术。我国数学文化中缺乏一种理性精神以及科学精神，并没有形成一种理性哲学规律，我国也没有形成一种与自然、社会等因素相关的数学精神，并将数学作为社会发展中的一种使用工具。在这种背景下，学生不仅要接受西方的理性主义，还要对我国的传统文化形成认知，并打破自身的思维局限，将数学文化作为主要的发展背景，以实现数学的文化价值以及产生正确的理性数学精神。

### （三）加强思想方法运用

在数学教学中，加强思想方法运用能够激发学生的学习兴趣。目前，大学生在应试教育发展下都习惯实现解题训练以及技能训练，他们认为数学是解题，但忽视了数学本质中的一般思想方法。在大学数学教学中，学生应认识一种技巧，并对其中的数学知识进行推理、判断等。所以，在教学中，要加强学生的思想阐述，并激发学生的学习兴趣。对于宏观的数学思想，主要包括哲学思想、美学思想以及公理化方法等。对于一般的数学思想方法，主要包括函数思想、极限方法以及类比、抽象等，所以说，数学思想方法隐形在数学知识中，它不仅能揭示出原始的思想，还能以独特的方法促进其演变过程。数学思想方法要展示出知识的发生过程，并能够对其中的细节进行点拨。例如，在泰勒公式中，首先，要了解泰勒公式最初的产生背景，因为在航海事业发展中会利用到三角函数、航海表等，不仅需要确定出其中的精度，还要解决一些问题，所以说，函数是非线性知识中良好的思想方法。然后，提出相关问题，因为该方法不能实现较高的精确度，所以，就要运用多项式、高精度二次公项式。接着，对猜想的结论进行证明，并得出泰勒公式。最后，将泰勒公式的复杂式表现为简单化。

大学数学教学不仅仅是传授学生知识，还能提高学生的素质和能力，将数学文化渗透到大学数学教学中，使学生认识到数学知识与数学文化之间的关系，实现二者的有机结合，在这种层面，不仅能揭露数学文化代表的意义，还能保证大学数学教学达到良好效果，从而使学生在文化熏陶下提高自身的数学素养。

## 第五节 数学文化融入大学数学课程教学

从数学文化融入大学数学课程的背景与现状分析，提出教学改革思路及需要解决的关键问题，给出将数学文化融入大学数学课程的具体实施方法。实践表明，教学改革充分调动了学生的学习积极性，提升了学生的数学能力，取得了较好的教学效果。

大学数学课程是理工科专业开设的必修课，对于理科及工科专业，教师多半以讲授数学知识及其应用为主。对于数学在思想、精神及人文方面的一些内容很少涉及，甚至连数学史、数学家、数学观点、数学思维这样一些基本的数学文化内容，也只有个别教师在讲课中零星地提到一些。很多文科专业使用的教材和课程内容基本是理工科数学的简化和压缩，普遍采取重结论不重证明、重计算不重推理、重知识不重思想的讲授方法，较少关注数学对学生人文精神的熏陶，更多的是从通用工具的角度去设计教学。因此，很多大学生仍然对数学的思想、精神了解得很肤浅，对数学的宏观认识和总体把握较差。

而这些数学素养，反而是数学让人终身受益的精华。因此，在大学数学教学中应注重数学文化的融入，培养学生的数学修养。

## 一、数学文化融入大学数学课程教学的思路与需要解决的关键问题

### （一）数学文化融入大学数学课程教学的基本思路及目标

基本思路是对于理工科专业的学生，仍要加强数学在工具性和抽象思维方面的能力培养，适当地融入数学文化等内容，提高大学生学习数学的兴趣。文科学生参加工作后，具体的数学定理和公式可能使用较少，而让他们能够受益的往往是在学习这些数学知识过程中培养的数学素养——从数学角度看问题、把实际问题简化和量化的习惯、有条理的理性思维、逻辑推理的意识和能力、周到地运筹帷幄等。所以，对于文科学生而言，数学教育在工具性和抽象思维方面的作用相对次要，在理性思维、形象思维、数学文化等人文融合方面的作用更加重要。

在教学中，应使学生掌握最基本的数学知识，掌握必要的数学工具，用来处理和解决自然学科、社会及人文学科中普遍存在的数量化问题与逻辑推理问题。尽量使文科学生的形象思维与逻辑思维达到相辅相成的效果，并结合数学思想的教学适度地训练他们的辩证思维。了解数学文化，提高等数学学素养，潜移默化地培养学生数学方式的理性思维，使数学文化与数学知识相融合。

基本目标是通过数学文化融入大学数学课程教学使学生理解数学的思想、精神、方法，理解数学的文化价值；让学生学会数学方式的理性思维，培养创新意识；让学生受到优秀文化的熏陶，领会数学的美学价值，提高对数学的兴趣；培养学生的数学素养和文化素养，使学生终身受益。

### （二）数学文化融入大学数学课程教学需要解决的关键问题

数学文化融入大学数学课程教学需要解决以下关键问题：①数学教育对大学生尤其是文科大学生的作用；②文科高等数学教材体系、教学内容与文科专业相匹配；③在教学中培养文科学生形象思维、逻辑思维及辩证思维；④将数学文化及人文精神融入大学数学教学中。

## 二、数学文化融入大学数学课程的实施

### （一）将提高学生学习数学的兴趣和积极性贯穿于教学的全过程

在教学中，从学生熟悉的实际案例出发，或从数学的典故出发，介绍一些现实生活中发生的事件，以引起学生的兴趣。例如，在讲定积分的应用时，介绍如何求变力做功后，用幻灯片展示 2007 年 10 月 24 日我国成功发射的嫦娥一号卫星，历经 8 次变轨，于 11 月 7 日进入月球工作轨道。然后向学生提出 4 个问题：卫星环绕地球运行至少需要什么速度；进入地月转移轨道至少需要什么速度；报道说，当嫦娥一号在地月转移轨道上第一次制动时，运行速度大约是 2.4 km/s，这是为什么；怎样才可保证嫦娥一号不会与月球相撞。学生利用已有知识给出了回答，提高了学生的学习积极性。

### （二）将揭示数学科学的精神实质和思想方法等数学素养作为教学的根本目的

文科数学课时比理工科少一半，所学的一些具体定理、公式往往会忘掉，但若通过学习能对数学科学的精神实质和思想方法有新的领悟和提高，这才是最大的收获，并会终身受益。数学素质的提高是一个潜移默化的过程，需要教师引导、学生领悟。因此，在数学知识的教学中，应注重过程教学，介绍一些问题的知识背景，讲清数学知识的来龙去脉，揭示渗透于数学知识中的思想方法，突出其所蕴含的数学精神，让学生在学习数学知识的同时，自己体会数学科学精神与思想方法。根据文科学生长于阅读的特点，在教材的各章配置一些阅读材料，要求学生课后认真阅读。这些材料适时、适度地介绍了基本概念发生、发展的历史，扼要地介绍了数学发展史中一些有里程碑意义的重要事件及其对科学发展的宝贵启示，以及一些数学家的事迹与人品，介绍了数学科学中的一些重要思想方法。

### （三）结合专业特点讲解数学知识

高等数学有抽象的一面，尽管注重过程教学，但数学基础较差的学生仍难以理解数学知识所蕴含的数学思想方法。考虑到文、理、工科学生对自身专业的偏好以及已有的专业知识，在教学中，教师应以学生专业为教学背景，引入课题，说明概念，讲解例题，使得抽象的数学知识与学生熟悉的专业联系起来，激发学生学习的兴趣。如介绍微积分在经济领域的应用，通过边际效应帮助学生加深对导数概念的理解；引用李白的诗句“孤帆远影碧空尽，唯见长江天际流”来描写极限过程；通过气象预报和转移矩阵加深学生对矩阵的认识；以《静静的顿河》《红楼梦》等文学艺术作品作者的考证说明数理统计的思想方法；从“三鹿奶粉”事件的法律诉讼引申到假设检验以及如何选取“原假设”

和“备择假设”。

在大学数学课程中渗透数学文化素质教育，作为教师，要树立正确的数学教育观，深刻地理解和把握数学文化的内涵，在教学活动中积极实践，勇于创新。对于学生来讲，只有利用一定的数学知识或数学思想解决一些现实问题，或了解用数学解决实际问题的一些过程与方法，才能体会到数学的广泛应用价值，真正地形成数学意识，培养数学素养，提高等数学学素质，从而提升运用数学知识分析问题和解决问题的能力。

## 第六节　数学文化在高校数学中的应用与意义

我国目前大部分高校，不论什么专业都把数学这门学科作为必修课，尤其对于理工学科的学生，数学显得尤为重要，数学无处不在地渗透在他们的学习与日常生活中。高校的教学方式不能像九年义务教育那样，只着重数学的实际应用，在实际的教学过程中，我们要培养学生的数学文化素养，使数学文化能够在高校教学中得以体现。本节以高校数学教学为主要背景，讲述数学文化在高校数学中的应用及重要意义。

在高校教学中，理工学科的学习成绩与数学息息相关，要想高标准地掌握理工学科知识，必须具有相对扎实的数学知识及全面的数学思维，这就要求学生在高中的学习中全面发展。在九年义务教育中，对数学的教育方式过于死板，只用教材中的公式及理论去解决数学问题，学生的学习目的只是应付考试，而不是发自内心地喜欢数学。进入大学以后，数学的难度加大，如果还用传统的学习方式，不仅数学成绩不会提高，还会影响其他相关科目。所以在大学教学中，要将数学的文化渗透进去，使学生能够对数学有更深的了解，这样学生在提高学习兴趣的同时，对数学知识也有一定的理解。

### 一、在高校教学中应用数学文化的重要意义

#### （一）端正学生学习的态度

学生的心态决定着其对数学学习的态度，学生学习数学的时候，是否有积极性与主动性直接影响到数学学习效果。在教学过程中，教师要将数学文化渗透进去，通过了解数学文化，从而激发学生的积极主动性，调整学生的学习态度。教师可把一些知名数学家的传记在课堂上进行讲解，用他们那些钻研数学的刻苦精神鼓励学生产生学习的动力及兴趣，促使其刻苦学习数学知识。

### （二）形成学生对数学学习的意志

数学学科相对其他学科而言，抽象性和逻辑性很强，对于学生来讲，这门学科的难度很大，在数学学习的过程中会遇到很多困难，打击学生学习的积极性，学生学习数学的时候，显得很吃力，在一道数学题上耗费大量的时间是常有的事，学生很容易产生放弃学习的想法。所以，教师在数学教学过程中，将数学文化知识融入进去，让学生在数学文化历史中得知数学历史的辉煌成就，在提高学生对数学学科兴趣的同时，使学生产生把数学继续发扬的责任与使命感，当有放弃学习数学的想法时，会有一种力量促使他们在学习数学的道路上继续前行。

## 二、在高校教学中应用数学文化的策略

### （一）对教学设计进行优化，展开研究型数学文化教学

数学教学文化主要是教师将数学内涵和数学思想传授给学生的过程，是教师与学生共同发展与交流的过程。教师在教学过程中，只有对教学设计进行优化，展开研究型数学文化教学模式，才能使数学文化更好地渗透到大学教育中。

要结合学生的专业，研究出学生能够自主且独立思考的教学方式，使其学到基本数学知识的同时，对其数学精神进行培养。在教育的过程中，教师要多多鼓励学生将自己的问题与想法提出来，勇于质疑，使数学文化能够逐渐渗透到高校教学中。

### （二）增强教师自身文化素养，取缔传统教学模式

必须取缔传统的教学模式，改变教学观念，提高教师自身的文化素养，这样才能将数学文化渗透到数学教学中。由于我国教学一直采用传统教学模式，应试教育使得教师只注重数学的实际应用，而在数学文化上只字不提。所以，教师要改变原有的教学理念，在注重数学教学实际应用的同时，将数学文化逐渐渗透到数学教学中。教师是数学教学的施教者、组织者和引导者，应该利用课余时间进行进修，提高自身数学知识的同时，增强自身数学文化素养，以丰富的数学文化知识熏陶自己。在日常生活中，找寻与数学相关的理论知识及使用方法，为课堂上能够更好地将数学文化与知识相融合奠定基础。这样，才能使得数学文化更好地渗入大学教学中。

### （三）完善数学教学内容，提高学生对数学的学习兴趣

要想将数学文化更好地在高校教学中应用，那么在数学学科的教学过程中，教师要对数学教学内容进行整合，丰富教学知识，不能仅限于将教材内的知识对学生进行灌输。在高校数学教学中，作为教师，要适时地将与数学文化相关的内容逐渐引入数学教学中，

例如，数学的发展历史、概念及公式的由来、定理的衍生等，减少课堂教学中的枯燥感，把课堂氛围变得活泼，使学生在学习基础知识的同时，更好地对数学发展历程进行了解。教师在授课的过程中，要简明扼要地讲述教学内容，从而激发学生的学习兴趣，在短时间内，将学生的学习情绪稳定下来，达到吸引学生注意力和开发学生数学文化思维的目的。经过多年的教学经验，我们不难看出，数学教材当中，有很多教学内容能侧面帮助学生形成正确的人生观和世界观，所以，教师在教学的过程中，一定要着重对学生进行数学历史的相关知识讲授，使学生能够更好地对数学发展历程有所了解，渗透数学文化教学的同时提高学生对数学的学习兴趣，促使学生建立数学学习的自信心，提高学生自主学习的积极性。

总而言之，将数学文化引入高校数学教学，能提高教学质量，还能使学生对数学的学习兴趣增强，从而提高学生对数学学习的积极性。所以，作为高校教师，一定要提高自身的数学文化素养，把数学基础知识与数学文化有机结合，将学生对数学知识的好奇心调动起来，使得数学文化能够发挥它更大的作用，让学生能够更好地吸收数学文化基础知识。

# 第七章　高等数学教学的实践应用研究

## 第一节　高等数学教学应用问题解决教学应该注意的问题

问题解决教学是一种以问题为本的教学形式，是以问题为教学范本，教师引导学生在数学思维指导下创造性解决问题的过程。这种教学方式最为适合高等院校的数学教学，因为，在高等数学教学中，我们遵循的是提出问题、研究问题、求解问题的过程，而这一过程是教学的重点。

### 一、高等数学教学应用问题解决教学方法的提出

提出高等数学教学应用问题解决教学方法的理论基础是建构主义理论。我们知道，建构主义理论认为：教学是以学生为中心的，应该强调学生对知识的主动探索、主动发现和对所学知识意义的主动建构。这与传统教学把知识从教师头脑中传送到学生的笔记本上，学生背笔记，考试抄笔记根本不同。建构主义强调的是学生带着问题进入学习情境，基于以往的经验，依靠学生的认知能力，形成对问题的解释，提出他们的假设（思考问题），在解决问题时，完成知识的建构。这里需要特别强调的是，教学是知识的处理和转换。要处理知识，教师就应该重视学生自己对各种现象的理解、思考和想法的由来，据此引导学生丰富或调整自己的解释，这是知识处理和转换的依据。由此可见问题在教学中的重要性。但光有问题是不够的，重要的是解决问题。由于观察的角度不同，对问题解决还没有完全统一的认识。从高等数学教育的角度来看，问题解决中所指的问题主要指现实社会生活和生产实际及数学学科本身。对这些问题的解决，只是教师带领学生学习知识的方式，进行创造性的学习：在问题解决中，问题解决者要态度积极地、综合地运用已经了解、掌握的基础知识、基本技能和能力，创造性地解决问题（高等数学的学习活动）。

## 二、高等数学教学应用问题解决教学应该注意的问题

教师要充分注意问题解决教学方法的特点。我们知道，在问题解决教学环境中，由于教师和学生共同研究一个问题，这就要求教学以学生为中心，以教师为主导，教师与学生、学生与学生之间都是平等的，其教学是平等的对话过程，是教师引导学生创造性解决问题的过程，“发端于问题，行进于问题，终止于问题”，在平等的教学环境中实现学生的和谐发展。基于这样的认识，教师要充分注意调动学生学习的积极性，强化学生对问题产生的困惑感、关注度和求解问题的强烈愿望，引领学生全身心地投入求解问题中，并激发学生在求解过程中的能动性、自主性、创造性，实现问题解决教学的目的和价值。这是由问题解决教学的民主性、主动性、探究性、合作性、创新性基本特征所决定的，亦是高等数学教学应该追求的，作为高等院校的数学教师要深刻领会并在教学实践中努力探索。

教师要充分注意问题解决教学中“问题”与“生活”之间的关系。教学实践告诉我们，不论是学生还是教师对数学教学都有一种感觉，那就是数学似乎距离我们的生活太远了。原因是我们不是动态地看数学，而社会实践告诉我们应该从数学与人类实践的动态观点认识数学，数学是改造客观世界的重要工具，学数学是为了应用数学。这就要求教师树立高等数学教学的主要任务是培养学生在实际生活和生产实践中应用数学知识分析和解决实际问题的能力的理念，教师应该注重问题情景的创设，或从教材中发现或从现实生活中提出有一定困难，学生经过努力又是力所能及的问题创设问题情景，以实现问题式教学在高等数学教学中的最佳应用。对于学生存在的比较突出的应用数学意识不强和创造能力较弱的问题，也只有通过实际问题，培养他们的观察、分析、归纳、类比、抽象、概括、猜想等发现问题、解决问题的科学思维方法，进而提升学生应用数学意识和创造性思维的方法与能力。因此，“问题”与“生活”的关系是化知识为能力的关系，是高等数学教学能否体现问题解放思想的有效途径。

教师要充分注意问题解决教学中鼓励学生探索、猜想、发现的需要意识。我们知道，培养学生的创造能力，重要的是培养学生积极探索的态度，猜想、发现的欲望，特别是问题解决的需要意识。这就要求教师在教学中设法鼓励学生去探索、猜想和发现教材中的问题，同时培养学生解决问题需要意识，启发学生去思考，提出问题，让学生树立起解决问题是高等数学学习的本质之所在，也是价值之体现的思想，树立解决问题的理念是学习的第一需要，学习的过程本身就是一个问题解决的过程的意识。这里所说的问题包括两个方面：一是学习一门崭新的课程、一章新的知识乃至一个新的定理和公式时，

对学生来说，就是面对一个新问题，需要他们建立信心和树立勇气；二是在学习新的知识时需要发现问题、解决问题，激起自己解决问题的热切欲望。问题的入手可以是学科性质的，如高等数学是怎样的一门科学？它是怎样产生和发展起来的？高等数学在实际生活中有什么用？当然，对于这些问题，即使是学完整个高等数学课程以后，也不一定能完全回答好，但在学这门课之前还是要引导学生去思考这些问题，这就能够充分地激发学生探索、猜想和发现问题的欲望，激起学生解决这些问题的热情和动力。这些启发性的问题，会让学生逐步养成求知、好问的习惯和独立思考、勇于探索的精神。教师更要讲究教学方法，有时可以直接教给学生完整的猜想过程，有时则要较多地启发、诱导、点拨学生，在探索、猜想、发现的方向上，要把好舵，引导好探求的方向。

教师要充分注意在问题解决教学中帮助学生打好基础，增强学生应用知识解决问题的意识，为进一步学习奠定基石。我们知道，解决问题的关键是基础知识和基本技能。教师要教导学生，面对新情景、新问题，尝试去解决时，必须把问题与自己已有知识联系起来；当发现已有知识不足以解决面临的问题时，就必须进一步学习（温习）相关的知识，训练相关的技能。应看到，在问题解决教学中，不能忽视数学基础知识的教学和基本技能的训练这一问题解决能力的必要条件。

在基础知识教学中，教师要十分注意数学概念的教学，因为数学概念是数学研究对象的高度抽象和概括，是数学对象的本质属性，最重要的数学知识之一。对于学生而言，能正确理解概念是学好数学的基础，概念教学的基本要求是对概念阐述的科学性和学生对概念的可接受性。教师要努力摒除“淡化概念，注重实质”的观念，同时要保证概念阐述的科学性和严谨性。教师应该“轻其所轻，重其所重”，即对一些次要和学生一时难以深刻理解但必须引入的概念，在教学中必须对其定义做淡化处理，一些重要概念的定义应以比较严格的形式给出。要处理好在数学学科体系中有重要的地位和作用的概念，从而让学生对概念能较好地理解和掌握。这样有重点和次重点的处理，对强化学生的数学概念，提升学生处理问题的能力是十分重要的，教学中，教师要充分注意到这一点。

教师帮助学生掌握了扎实的基础知识，这还不够，还要培养学生应用知识解决问题的意识，增强学生解决问题的意识。我们都知道学以致用，学是为了更好地用，而用数学是学数学的出发点和归宿。教师应该重视从实际问题出发，引入数学课题，最后把数学知识应用于实际问题。如教师可以考虑把与现实生活密切相关经济内容引入教学中，使学生更好地掌握基础知识，能初步运用数学解决一些简单的经济问题，提升学生的问题解决能力和意识，为进一步学习高等数学打下扎实的基础。

教师要充分注意在问题解决教学中教给学生问题解决的一般过程和方法，提升学生的动手操作能力。教给学生解决问题的一般过程和方法是问题解决教学中十分重要的。这种过程和方法从某种角度来说是抽象的数学变化为形象的处理的有效方式，可以提升学生解决实际问题的能力。但实际问题常常是错综复杂的，解决问题的手段和方法也是多种多样的，教给学生处理的总体思路即可。调查了解问题：对与问题有关的实际情况做尽可能全面深入的调查，比较准确清楚地认识问题，如画图、引入符号、列表分析数据、分析特殊情况；拟订问题解决计划：拟订问题解决计划往往是粗线条的，如类比联想建模，讨论、分头工作、证明、举反例；实施解决问题计划：在实施计划的过程中要对计划做适时的调整和补充；总结问题解决：对自己的工作做及时的评价，以评估问题解决的水平，如简化以寻找规律（结论和方法）、估计和猜测、寻找不同的解法；合理抽象为方法：在总结的基础上进行抽象化，以形成数学解决的规律，准备进一步检验，为推广做理论准备。

高等数学教学中的问题解决教学是十分重要的，教师和学校都应该高度重视，在不断总结教学经验的过程中，不断提高其教学效果，以提高教学效率。

## 第二节　微课在高等数学教学中的应用

英国著名哲学家培根说：“数学是打开科学大门的钥匙。”而高等数学作为这一学科最高难度的关卡，是需要学生全副武装、层层通关才能攻克的壁垒。在我国，针对该学科的传统教学模式过于简单枯燥，再加上高等数学本身就晦涩难懂，使得很多学生在面对该学科时举步维艰。而从 2010 年开始，在国内兴起的微课教学为我们的教学提供了新的思路。将微课应用到高等数学的教学中，能够向学生生动形象地展示一堂课的重难点知识，从而提高学生的学习积极性，加深他们对该部分知识的印象。因此，将微课教学技术应用到高等数学的教学中具有现实意义。

### 一、微课的概念

微课，全称是“微型视频课程”，是以教学视频为主要呈现方式，围绕学科知识点、例题习题、疑难问题、实验操作等进行的教学过程及相关资源之有机结合体。简单来说，就是教师将一堂课的精华，以视频展示的方式向学生讲授重难点，以达到教学的目的。因此，从微课的概念来看，我们的微课一般是短小精悍的，时间基本控制在 10 分钟以内，内容少但针对性强。

## 二、微课的优势

作为现代教育技术发展的产物之一，微课较传统教学模式来说是有强大优势的，从以下几个方面就可以得到体现：

微课时间短，能减轻学生的学习压力。传统课堂的时间一般在 40 ~ 45 分钟，这对学生的注意力要求很高。事实上，即便是上课特别认真听讲的学生，也不可能在这一节课里的每分每秒都十分专注。科学研究表明，学生注意力最集中的时期是在一堂课的前 10 分钟和最后 10 分钟，也就是说这 20 分钟才是学生吸收知识的黄金时间。微课教学的时间设置恰好符合学生的学习习惯，使他们在这短短的 10 分钟里集中注意力，全神贯注地听课、思考和做笔记。从另一个层面来讲，这样的模式大大地减轻了学生的学习压力，使他们从疲惫和厌倦中解脱出来，真正来到我们的课堂，参与课堂，从而获得知识。

微课教学能实现资源共享，有利于教师队伍的整体发展。由于微课可以使用手机、数码相机、DV 等摄像设备拍摄，主要依托视频软件等多媒体技术进行展示，且资源容量较小，因此传播起来十分方便快捷。有了这些技术支撑，微课教学就能实现移动学习、“泛在学习”，使教师和学生都能流畅地在线观摩课例，查看教案、课件等辅助资源，大大提高了资源利用率。对很多刚进入教师行业的年轻教师来说，微课也是一个很好的学习研究平台，他们能在线观看有经验的教师是如何进行教育教学的，然后通过不断借鉴与反思，提高自己的教学水平。从这个角度来讲，微课教学模式能用较低的成本、较快的时间使教师获得成长，从而促进整个教师队伍的良好发展。

## 三、高职高等数学教学中微课的应用策略

随着现代教育技术的不断普及和进步，我们的教育方式也在不断推陈出新。微课作为我国教育改革中势头最猛的一匹黑马，由于其短小精练、针对性强等特点，已经在教学中发挥了积极的作用，尤其是在职业教育的课程设计与开发、师资队伍建设、数字化教学资源建设等诸多领域产生了重要而深远的影响。因此，在微课理念下，如何啃下高等数学这一学科的“硬骨头”，值得我们深入思索和探究。

创建微课情境。由于我们的授课对象是高职学生群体，重专业课轻基础课是这类学生的普遍倾向。本身文化基础差，再加上自身素质与高校要求不匹配，因此，很多学生在基础课程的学习中就表现得十分懈怠，甚至有厌烦抵触的情绪。在充分理解学生这一思想状态后，教师就能有针对性地创设微课情境。譬如，将高等数学中一些复杂抽象的知识点转换成形象具体的内容，并通过创建模型、视频演绎等方式使所教内容形象化，

从而有利于学生的学习。又如，在讲授空间几何等知识点时，教师可以在课前导入部分微课视频，将教学内容融入微课视频中，给学生足够清晰的视觉感受，从而拉近学生与高等数学的距离。

提高课堂互动性和学生自主性。新课标理念下，教师不仅要向学生传授基本知识，还要充分认识到学生的学习自主性，培养他们的学习能力和探索精神，使他们真正成为学习的主人。因此，微课教学的引入要在这一方面下功夫，着重培养学生在课堂上的积极性，提高他们的参与度；而教师则应该大胆放手，从学生的“服务商”转变成知识的“供应商”，实现以学生为中心的教学。具体教学实践可以借助微课视频，将一部分知识渗透到微课中，同时给学生留下足够的思考和讨论空间，鼓励学生大胆表达自己的看法和见解，从而使师生之间的互动能够强化，整个课堂气氛更加热烈。如教师在进行线性代数和微积分等课程教学时，可以多设置问题，让学生思考讨论，在问题解答环节也只提出关键步骤，细节问题则交给学生自我完善，从而加深学生对该部分知识的记忆。

现代社会科学技术日新月异，这对教育来说无疑是如虎添翼的好事。而微课作为一种新兴的教学模式，改变着人们的传统教学观念，能有效弥补课堂的缺陷，拓宽课堂教学的时空，促进优质教学资源的整合，体现学生的主人翁地位，从而提高教师的教学效果，提升学生的学习能力。因此，将微课应用到高职学校高等数学的教学之中是势在必行的。如今，只有不断地完善微课教学模式，促进其与高等数学学科的融合，坚持科学有效的原则，才能使微课在其中发挥更大的能量，为我国的教育数字化改革做贡献，把学生的学习变成一件快乐的事，使学生学在其中、乐在其中。

## 第三节　元认知在高等数学教学中的应用

元认知作为心理学中的重要理论，在高等数学教学中具有较高的应用价值，对学生的学习能力、思维素质以及创新意识的培养及提升有着积极意义。基于此，探索如何通过高等数学教学培养高校学生的元认知能力，希望可以促使学生喜欢学习数学、学懂数学且能较好地运用数学解决问题，以此实现数学教育的最终目的。

元认知理论于 20 世纪 70 年代由美国心理学家费莱维尔提出，所谓元认知就是对认知的认知，即关于个人自己认知过程的知识和调节这些过程的能力，对思维和学习活动的知识和控制。元认知使得心理学的相关理论得到丰富，同时，将其运用于高等数学教学中，对更好地开发学生智力，学生的数学学习能力、思维素质以及创新能力的培养具有现实意义。

## 一、元认知在高等数学教学中的应用价值

有利于提升学生的数学学习能力。学生在不同的学习环境下选择合适的认知策略，学习效果将事半功倍，这种选择就是基于元认知的高度控制及严密调节下而完成的。通常情况下，数学学习成绩优秀的学生在元认知方面相较数学学习成绩差的学生要更为优异，这主要是在元认知的作用下，学生懂得如何制订适合自己的学习计划，并选择符合自身个性需求的学习方法。同时，对于学习过程中出现的问题，当认知出现偏差时，学生懂得及时反思并以最快的速度找出纠正策略，经总结之后，对自己的学习动机、态度以及认知水平不断评价，以此调节并把控自己的学习。但对于数学差生而言，其数学学习能力明显要处于弱势地位。

有助于培养学生思维素质。数学思维素质包含了学生认识问题、分析问题以及解决问题的多方面能力。在高等数学学习过程中，不同学生认识问题的深度是有区别的，在分析问题方面也有速度快慢的区别，解决问题也表现为方法选择灵活度的差异性。学生数学思维素质存在差异的主要原因在于，不同学生数学思维结构的内在运行机制有较大差异，尤其是元认知，它关系着学生的数学思维结构中各系统控制状态及调节水平是否良好。若学生的元认知水平高，就可以较好地把控及调整数学思维活动，且表现为反思能力较强，可以有效掌握数学思维的策略知识。这就在很大程度上使得学生的数学思维素质具有鲜明的个性特点。例如，批判能力、独创能力更为明显。同时，其数学思维在灵活度、敏捷度以及深刻度方面更具优势。因此，加强数学元认知的培养，可以有效促进学生数学思维素质的提高，对提高学生智力水平具有重要作用。

## 二、高等数学教学中元认知能力的培养策略

强化教师元认知水平。教师队伍作为教学体系中的必要保障部分，其自身的元认知水平尤为重要，因此，要培养学生的数学元认知能力，必须确保教师的元认知水平也处于较高状态。当教师自身具备较高的元认知水平时，可以充分明确怎样开展高等数学教学活动，懂得分析选择与学生能力培养相适应的教学内容及教学方式，可以对教学活动予以积极计划并合理把控，使教学过程不断优化。同时，教师的元认知能力会通过教学过程反映出来，这在一定程度上使学生在不知不觉中受到教师的影响，学生的元认知能力也随之得以培养。因此，高等数学教师应不断完善自身的元认知理论，教会学生如何思考问题以及更多解决问题的策略，积极引导学生对学习活动进行反思，以此促进元认知在高等数学教学中的作用得以有效发挥。

优化课堂教学。课堂教学作为培养学生元认知能力的主要途径，教师应充分在课堂中渗透数学元认知知识，培养学生主动思考、善于反思的习惯，使学生的学习积极性和主动性得以提高。对课堂教学予以优化并将数学元认知渗透其中，需要教师主动构建民主型师生关系。教师在制订教学方案时，可以在各环节主动邀请学生共同参与，充分了解学生的需求并引导其提出问题，整合得出适合高等数学学习活动的教学资源及具体学习方案，提高学生的参与性与主观能动性。同时，教师还要对教学方法予以优化，采用多元化教学方式，以此达到激发学生思考以及学习兴趣的教学目的。例如，启发式教学法、小组讨论法、指导练习法等。此外，教师还应引导学生加强高等数学知识的交流互动，具体表现为教师与学生互动、学生与学生互动等方式。在此过程中，充分渗透数学元认知知识，促进学生对自己的学习过程予以客观评价，并进行积极监控和调节。

注重引导学生反思。高校教师注重引导学生反思，使其对自身认知活动进行回顾、思考、总结、评价、调节之后，可以促进其自我意识、自我监控、自我调节能力不断增强。当学生养成反思的习惯之后，元认知能力就可以得到较大程度的锻炼与提升，同时，通过反思，学生可以对自身的认知过程及认知经验进行有效总结，这对提高元认知知识以及元认知体验的丰富度有着较大助益。因此，教师引导学生学会反思，是培养高校学生数学元认知能力的重要方式。具体而言，采取的反思方式和反思内容并不是固定不变的，不仅包括学习态度、学习方法、学习计划等方面的反思，还包括数学知识和内容的反思以及数学学习思想、观念、方法等方面的反思。主动引导学生进行自我反思，对其高等数学知识学习具有较为深远的意义，尤其对元认知能力的培养，具有正向促进作用。

## 第四节　混合式教学在高等数学教学改革中的应用

随着网络技术的不断发展，混合式教学作为一种先进的教学方法，将课程教学同在线教学相互结合，获得了良好的教学效果。教师在具体应用的时候，就应该充分借助MOOC、微信等平台，辅助高等数学课堂教学工作的顺利实施。对此，本节首先介绍混合式教学模式在高等数学教学中的应用优势，分析在应用中存在的问题，最后重点提出一些有效的应用途径，以期为高校数学教师教学提供一定的参考。

按照教育改革的相关要求，要加快信息化进程，就需要加强对优质资源的开发和应用，开设网络教学课程，创新相应的教学模式。高等数学在工科类教学中具有非常重要的作用，有助于提高学生的逻辑思维能力，但是从近年的教学情况来看，教学工作中面临着诸多问题。因此，本节就将分析多种教学方法和方式结合在一起，对推动教学改革顺利实施的作用。

## 一、混合式教学模式在高等数学教学中的应用优势

培养学生的创新性。传统的教学模式主要是将重点放在理论知识的讲述中，然后按照一些固定的思维去解答题目，这同现实中的生活是相互脱节的。要知道，高等数学这门学科存在的目的，不只是要求学生掌握一些基础性的理论知识，更应该培养他们的创新能力。混合式教学方法的应用，为学生构建一个立体化的情境，将核心点放置在一些重难点问题上，让学生可以积极参与到多媒体课件的制作中，然后从中体会到这门学科的乐趣。

培养学生的主动性。高等数学具备一定的逻辑性，需要学生拥有极强的理解和想象能力，但是大多学生没有意识到这门学科的特点，面对过于复杂的知识会产生消极的心理。同时，由于学生的水平不同，面对不同程度的难题，后续的学习有时候也难以跟上整体的进度，这在一定程度上阻碍了教学工作的顺利实施。混合式教学，主要是借助视频、音频等多种方式，为不同层次的学生提供便捷，在其反复观看内容的时候，也能调动他们学习数学的主动性。

## 二、混合式教学模式在高等数学教学中存在的问题

缺乏良好的发展氛围。从应用时间来看，虽然这种方式在教学中推广的时间比较长，但是在实际应用的时候，部分教师并没有意识到这种方式的重要性，而是仍旧采用理论式的教学。从具体的设施，混合式教学主要以信息技术为支撑点，这就要求学校完善相应的网络系统，但是现阶段部分高校 Wi-Fi 覆盖率还没有达到 100%，这就导致学生在收集资料和自主探究的时候存在一定的局限性。

忽视了教学效果。作为一种有效的教学方法，教师在应用这项教学模式的时候，应该将学生的个人特点、学科的难度系数考虑在内，不要为了完成教学任务，过分追求标新立异，从而忽视了教学中的诸多细节。同时，有时候在注重教学方法的同时，却忽视了教学的效果，例如在向学生介绍导数的知识点时，由于知识点比较多，若仍旧采用过去的教学方法，会降低学生的学习效率。而混合式的教学方法，可以激发学生的探索欲望，但是这种方式的应用应该掌握在一个合理的程度。

考核方式过于单一。考核方式也是学生最终成绩的一种体现，高等数学教学工作是一个循序渐进的过程，不同层次的学生对知识的接受能力是不同的。若只是通过期末考试这一种判断方法来评价学生，则无法掌握学生的实际情况，缺乏一定的公平性，而且过于单一化的考核方式，也会严重降低学生的积极性。

## 三、混合式教学模式在高等数学教学中的应用途径

构建良好的发展环境，引导学生自觉地利用网络进行自学。教师在应用混合式教学法的时候，应该为学生构建一个完善的网络环境，加大对数字化和信息化资源的投资，引导学生自觉利用一些网络课程进行学习。例如，基于 MOOC 的混合式教学，教师在课前就应该设计与安排好教学内容，让学生对所学知识有一个大概的认知，在课堂上就某些重点问题进行深入的探讨和分析。第一阶段，教师要明确教学中的重难点，制作 MOOC 的时候，调整课程结构，确保教学内容的全面性，然后按照高等数学课程的相关要求，利用手写板和多媒体进行录制；第二阶段，学生按照自身的实际情况进行有针对性的预习，将学习过程中遇到的问题制作成小视频上传到 MOOC 系统中，方便大家一同讨论；第三阶段，教师按照 MOOC 视频中的知识点，结合大部分学生反馈的问题进行重点讲解，满足学生的基本需求；第四阶段，课后学生和教师可以借助网络进行互动，这实际上也是完善学生知识结构的一种有效途径，对课堂上的知识进行补充与说明，在知识积累的过程中，也能提高学生自主性学习数学的水平。总之，借助 MOOC，可以为教师和学生之间的交流构建一个有效的平台，调动学生的积极性，尽量让学生感觉到高等数学不再是一门非常困难的学科。

教师要起到引导的作用，运用科学的教学模式。按照课程改革相关的要求，高等数学中，教师应该加大信息技术同课程之间的整合力度，按照教学内容去呈现一些全新的教学方法，在课前利用信息化技术，提前推送预习的内容，使学生有针对性听课，教师也要注意监控学生的预习效果，按照他们的实际情况进行适当的调整。通过信息技术还能及时对课堂进行评价与反馈，检查学生的学习效果。实践类教学是实现综合型人才发展的重要途径，也是培养学生创新能力的一种手段，针对不同专业的学生，就可以借助 Matlab、Spss 等软件，对全体学生开设一些基础性的实验板块。在课外开设竞赛类的实验板块，让学生去真正接触一些实际中会应用到的数学知识，帮助他们逐渐养成一个良好的习惯。此外，还可以利用大学生数学竞赛平台，通过以赛促教的方式，调动学生的学习兴趣，提升教师的教学能力，达到一个良好的教学效果。借助项目教学的模式去进行辅导与培训，这样既能扩宽学生的视野，又能加强他们的时间管理观念，在相互协同的时候，提高学生的探究和实践水平。

在优化教学过程中，充分发挥评价反馈的优势性。混合式教学模式最基础的就是应该有一个比较明确的教学目标，让学生可以掌握到各个阶段的知识点，在制作微视频的时候，尽量将时间控制在 8~10 分钟，其中要包含计算方法，突出重点。然后在教师的

指导下，课前让学生自己观看微视频，按照实际情况去选择暂停或是重复，完成以后进行分组讨论。例如求函数的极限值，在分组讨论的时候，总结出有理分式函数，找出求得函数极限的方法，最后以小组为单位将答案交给教师，教师进行相应的整理与总结。接着让学生将本节课的知识点编写成为一个小程序，在相互协作的过程中，让知识的应用变得愈加多样化，让枯燥的教学氛围变得更为简单和有趣。最后，混合式教学模式的评价，让教师和学生一同去完成，学生在网络上了解相关的情况，在观看视频记录以后，构建一个完整的知识体系。教师也要按照学生的完成结构，建立教学档案，随时了解学生的学习状态。教师最后做一个小测试，从两个班级中随机抽取学生进行相应的比较，这虽然是小样本的数据，但是在一定程度上也反映了学生对知识的掌握情况。教学反思的过程，不仅是学生的反思，也包括教师，主要是对教学目的、手段和内容进行反思，这样才能提高整体的教学质量，然后不断探究问题，取得一个良好的教学效果。

综上所述，混合式教学法的应用突破了传统化的教学模式，不再受时间与空间的限制，也将粉笔、黑板的课堂教学逐渐转入多元化的情境，提升了教学的针对性与有效性。同时，教师也应该按照学生的实际情况，秉承因材施教的基本原则，充分挖掘出混合式教学的应用优势，为培养一些综合型人才奠定坚实的基础。

## 第五节　研究性教学在高等数学教学中的应用

研究性教学是指学生在教师指导下，通过教学过程的研究性，引导学生进行研究性学习，并在研究过程中掌握知识、应用知识和提升创新能力的教学，在培养学生的数学学习能力、应用数学能力方面具有重要的作用。本节结合研究性教学的特点与高等数学课程中的教学实践，探讨研究性教学在数学教学中的应用。

高等数学是各个高等院校非数学专业学生的基础课，而且是很多学生的第一堂“大学课”，对这门数学课的第一印象，将会影响到他们未来3~4年的学习兴趣与学习态度。有部分学生接受数学新知识的能力不强，欠缺运用数学新知识的能力，久而久之导致他们对数学课产生抵触情绪。还有部分学生认识不到数学的重要性，例如认为极限、积分、求导等数学概念太脱离实际，“没有用”，从而导致学习积极性不高。怎样解决这些问题，是各个高等院校在基础课的教学中面临的一个共性问题。通过研究性教学，在教与学的过程中充分发挥学生的主体性作用，让学生认识到数学的重要性，这在解决学习动力不足等方面有一定的积极作用。同时还能培养学生的创新能力，使其感受到学习数学、研究数学所带来的成就感。

## 一、研究性教学的必要性

在传统课堂上，教学以课本教材为主，以教师的“说教”式模式为主，学生在课堂上更多的是扮演被动接收者的角色。对于数学这一抽象、发散性较强的学科，还有着知识体系庞杂的特点，如果学生不能够对所学知识进行系统思考与重新建构，就很容易出现“捡了西瓜丢了芝麻”的现象。

为了解决这些问题，采用研究性教学模式，使学生参与到课程教学的设计过程中，在共同的探索活动中寻找学习数学的方法，从而让学生能够平稳地度过中学与大学阶段学习模式的转换期。学生对教学内容与教学形式有了更多的选择，有助于建立学生学习的自信心，提高其学习数学的积极性。如此，不仅能够让学生主动地对所学知识进行总结、思考，提高学生的数学素养，还能够提升学生的学习效果，增强创新意识，进而提升其学习动力及创造力。

## 二、研究性教学的实施

注重以掌握基础知识为导向的教学。良好的数学素养是理工科专业学生未来进一步学习、继续深造的基础，掌握基础知识又是具有良好数学素养的基本体现，也是进行研究性教学的基础。新课的讲授包括基本概念、性质、意义和解法，在此过程中既要加强基本概念的讲解、理论公式的推导，同时还要对所学知识产生的历史背景、理论基础、实际应用等展开全面化的介绍和分析。这不仅能提高学生的知识广度，让学生认识到高等数学的重要性，还能够提高学生的数学文化素养。

基于问题的学习模式。典型的研究性教学方法包括案例教学法、基于问题解决的学习和基于问题的学习等模式。数学是一门服务于实践的重要学科，我们在生活和学习中会遇到许多与数学相关的现实问题。将这些问题应用于数学教学，会让学习处在有意义的情景之下，让学生在解决真实问题的过程中学习问题背后的数学知识。例如，在讲到转动惯量的内容时，由于理工科学生要修读物理学课程，这时可以将物理学课程中相应的问题引入数学课中来。在具体实施过程中，教师可以根据教学安排，提出若干源于实际的问题，学生根据教师提供的问题、问题的难易程度和个人知识背景，或分组，或独立工作来探究和解决问题。教师要引导、督促学生主动查阅学习资料、文献，组织开展讨论会，最后将工作结果以书面报告或者幻灯片的形式展示。此外，教师还可以将成果做成小视频，以微课的形式发布在网上，供大家交流学习，以此提高学生的积极性。通过这一方式培养学生获取知识的能力、自主学习的能力、创新思考的能力和综合运用知识的能力，以此来提高学生的数学综合素质。

## 三、研究性教学的评价

开展研究性教学，需要对现有的评价机制做出一定的改变，新的评价体系应该服务于提升研究性教学的教学效果。以往的数学课评价，通常以期末成绩作为评价基础，这一评价机制不仅不能够全面反映学生的学习状态，而且忽视了学生本身的个体差异，不能调动学生参与课程的积极性。开展研究性教学，需要将对学生的评价贯穿于整个教学过程，要构建动态化、过程性的教学评价体系。在评价过程中，要充分结合学生的学习表现、参与小组的情况、理论知识水平的提升以及解决实际问题的能力等几个方面来进行综合性的评价。例如：对待欠缺数学基础的学生，教师要更加注重评价学生在获取知识、自主学习等方面的表现；而对待基础优良的学生，教师应更加注重评价学生的发散思维、创新思维等方面的能力。此外，还可以通过学生互评、小组互评、学生自评等方式进行评价，力求对学生进行多维度、全方位的评价，以促进学生各项素质的全面发展，从而进一步推进素质教育。

新的时代对高等数学的教学提出了新的要求，如今教育不再单单是教会学生知识，而是全面提升其各项能力。研究性教学模式有助于提高学生的自主学习能力、创新能力、分析问题和解决问题的能力，有助于全面发展学生的各项素质。

# 第六节　启发式教学在高等数学课程中的应用

启发式教学是一种重要的教学方式，能充分调动学生学习高等数学的积极性和主动性，让学生养成主动思考问题、主动解决问题的习惯。结合高等数学大纲的要求，探讨启发式教学在高等数学课程中的应用。

## 一、启发式教学的特点

启发式教学适用于课堂教学的始终。现在的学生，在学习数学课上，往往注意力难以集中很长时间，所以在一节数学课上，从开始新课的导入，到课堂中的提问，课堂中内容的讲解，课堂内容的板书设计，整个课堂内容都可以使用启发式教学方法。

激发学生的学习兴趣和学习“潜能”。兴趣是最好的老师，是学生求知欲的外在表现，是促进学生思考、探索、创新，激发主动学习的原动力。因而在教学过程中，教师要努力挖掘教材，力求通过趣味性强或是易于引起兴趣的手段或方法带出要学习的新任务，通过知识点的前后联系或者知识点在生活中的应用场景来引出学习的新任务。在教学过程中，可以设置多次启发，把整个知识点串联起来，把学生的学习兴趣和学习潜能充分地调动和挖掘出来。

体现以学生为主体进行教学。在教学过程中能够落实学生的主体地位，而不要去包办学生的学习，让学生知道自己是学习的主体，教师仅仅是帮助他们学习，在关键节点上指导他们，教学的目的是要达到“授之以渔”的效果，为他们今后的可持续发展打下坚实的基础。

## 二、以实际教学为例进行研究

定积分应用中使用启发式教学。在学习过程中，经常会遇到求解不规则平面的面积、旋转体的体积等问题；在物理学中，还要求计算变力作功、液体压力等问题；在经济学中，常常需要计算成本、计算利润率等问题。这些情况，用常规的方法是很难甚至是无法解决的，要学习一种方法来处理这些问题。在学习之前，要先启发学生来看一个问题：我们都会求三角形、梯形或多边形的面积，那么如何求曲边三角形的面积呢？

启发式学习是一种积极的学习过程，主要指的是教师在学习过程中围绕一定的主题，寻找相应的资料，给予学生一定的场景，启发学生主动进行联想、自主构建解决问题的方法，自己探索答案，并提出新的问题的学习方式。古希腊哲学家苏格拉底曾经说过：问题是接生婆，它帮助新思想的诞生。因此，教师的任务不仅仅是传播真理，更重要的是要做一个新思想的“产婆”，让学生带着一些问题去寻找学习新知识的方法，通过教师引导、团队合作，让学生成为学习新知识的主体。启发式教学要在学生有一定的知识铺垫并且愿意学习的情况下，充分发挥主观能动性，以取得较好的教学效果。

在涉及一题多变的知识点时，教师应该从易到难，从学过的知识到将要学的知识，一步步进行启发。当讲到互为反函数的两个函数图象是对称的，首先要让学生观察点 $M(a，b)$ 与点 $M(b，a)$ 关于直线 $y=x$，这两个点的位置关系，然后让学生画出下面两对反函数的图象：一是 $y=3x-2$，$y=(x+2)/3$；二是画出之后观察每对反函数的图象关于 $y=x$ 的位置关系，这个时候启发学生能够得出什么结论。学生可能得出，每一对互为反函数的图象关于直线 $y=x$ 对称。

最后归纳总结出结论：

一是函数 $y=f(x)$ 图象上任意一点关于直线 $y=x$ 的对称点都在反函数 $y=f-1(x)$ 的图象上。

二是反函数 $y=f-1(x)$ 图象上任意一点关于直线 $y=x$ 的对称点都在 $y=f(x)$ 的图象上。

再启发学生，如何用反函数的概念证明第一式的成立，学生可以正常完成这个证明。学生会问教师，能否用同样的方法证明第二式是否成立呢？这个思路是正确的。启发学生思考：$y=f(x)$ 和 $y=f-1(x)$ 互为反函数，第一式成立即可证明第二式同样也是成立的。通过教师的步步设问，可以引导学生对知识点牢固掌握和灵活运用。

## 三、启发式教学总结

应注重“启”和“试”相结合。在启发式教学中要注意学生的学习效果，不断地进行改进，启发要和学生的尝试效果相结合，启发的目的就是让学生提高学习的积极性，要鼓励学生不断尝试，不论是优生还是差生，都可以享受到学习的乐趣，增强他们的自信心，消除对高等数学课程的恐惧。同时根据学生的学习反馈情况及时调整授课的方式方法，教师的启发和学生的尝试要相结合，不能启而不发也不能一直启发，要把握一个度和频次，及时观察学生的反应。

教师要精心备课。启发式教学要发挥好的效果，教师要做好充分准备，预先设计好启发的方式和内容，以及启发的时机，还要创设出一定的场景，营造出一个疑难情境，让学生感到有一定的驱动力，才能激发他们学习的积极性。教师在备课时还要注意启发式和其他教学模式相结合，不能一味地使用启发式。

创设良好的教学氛围。在启发式教学中，教师应给予学生自由民主的空间和氛围，教师要对学生的好奇心和探索性行为以及任何探索迹象给予鼓励，让学生感觉到自由，没有压力，这样有才能有助于学生创造性的发挥。学生要敢于发表自己的意见，积极发言，善于和同学探讨问题，共同解决问题，营造出师生共同参与学习的民主、宽松与和谐的教学氛围。

营造师生互动的气氛。在启发式教学过程中，师生互动就显得尤为重要了。在互动过程中学生会一直跟着教师的思路走，也会参与到教师提出的问题和教师的各种教学环节中来，师生之间可以充分互动，营造出良好的学习气氛，使学生的思维发生碰撞，由此迸发出创造性的思维火花。通过互动，教师可以及时调整自己的授课思路和启发方式，使得教学效果更加明显，学习效果更好。

通过启发式教学，教师可以充分调动学生学习的积极性，学生能够主动学习，对知识点的掌握也会更加牢固，学生会一直跟着教师的授课思路进行思考，培养学生注意力集中、主动分析问题、团队协作的能力。启发式教学是我国传统教育思想的精髓，要不断进行总结提高，在学情发生变化的情况下进行改进。在启发式教学主体中，学生成为教学的主体之一，能够充分发挥主体能动性，调动学习的积极性，从而使得教学质量得到保证，这种教学方式值得进一步研究。

# 第七节　数形结合在高等数学教学中的应用

数形结合是重要的数学思想之一，教师在引导学生学习相应的数学知识时，也需要善于引导学生树立数形结合的分析解题思想，从而使得学生迅速把握数学问题本质，提升其数学学科素养。在本节中，笔者以高等数学教学工作为例，具体分析数形结合思想在高等数学教学中的应用，旨在为广大教学同仁提供参考。

简单来说，数形结合思想就是将数学图形与数量关系结合起来，通过相互转换、转化来分析、解决相应的数学问题。高等数学中蕴含着十分丰富的数形结合的数学观念，加之高等数学本身具有较强的抽象性与逻辑性，故而在教师的具体教学工作中，引导学生合理运用数学思想则是帮助学生掌握相应数学知识的关键所在。通过运用数形结合思想，并将其运用优势充分发挥出来，不仅能够有效地降低高等数学知识的学习难度，还能够进一步培养学生的综合数学学科素质。在下文中，笔者将以数形结合思想在高等数学教学中的应用价值为论述切入点，探究数形结合思想的相关应用策略。

## 一、数形结合在高等数学中的应用价值

深化理解数学概念。在学生学习高等数学过程中不难发现，不少数学概念都是通过抽象的数学语言来表达的。在理解数学概念的时候不少学生都较为吃力。但借助数形结合思想进行概念理解的话，则可以很好地帮助学生加深对数学知识的理解及记忆。例如，教师在为学生讲解“导数”的相关概念时，教师可以先从变速直线运动的瞬时速度、平面曲线的切线斜率等实际问题着手，从变化的曲线、直线运动中概括出相应的数量关系，使学生初步形成“导数的概念为变化率的极限”这一基本认识。又或者是教师在为学生讲解双曲抛物面的相关内容时，由于学生刚刚接触这部分内容，他们比较难以理解双曲抛物面在笛卡儿坐标系中的方程及其构成图形，此时，教师则可以运用平行切割法将双曲抛物面形成的动态过程为学生进行展现分析。高等数学知识概念相对抽象，且具有一定的逻辑性、层次性，因此教师在进行教学时，可以积极地借助几何图形来引导学生逐步观察、分析，最终以形助数，使其完全掌握所学的数学概念与知识。

直观解释数学定理。大多数学生认为高等数学知识学习难度较大通常是因为这门课程的相关内容与知识点相对烦琐，所要求积累、理解的定理、公式更是数不胜数。但在数形结合教学模式时，教师可以将抽象性的内容以具象化的情境或过程呈现在学生眼前，

达到辅助学生学习的目的。例如，罗尔定理、拉格朗日中值定理与柯西中值定理的结论都是切线平行于弦，教师在为学生讲解罗尔定理的相关内容时，则可以运用微课教学形式将相应的定理文字以直观形象的图例进行展示说明，以此有效地激发学生的探究兴趣，活跃其思维。接着，为顺利地引出拉格朗日中值定理，教师还可以运用 flash 动画演示软件倾斜图形。此时，学生则能够更加积极地认识到“拉格朗日中值定理的一般情形是罗尔定理”“拉格朗日中值定理更一般的情形是柯西中值定理”等数学根本。由此可见，借助数形结合数学思想，可以有效地反映图形与数量之间的关系，而通过这样的教学形式，学生对于各定理之间的联系也更了然于心，这对于提升其数学知识、学习效率、质量均具有重要的推动作用。

增强学生求简意识。运用数形结合思想进行数学问题分析与解答，更有利于指导学生抓住数学本质，将复杂的数学问题简单化，从而提升解题效率，强化学生自身数学问题解题思路的形成。例如，“已知：函数 $f(x)=(x+a)2+|x+a|$ 在区间（3，+ ∞）上单调递增，求 $a$ 的取值范围。”在解答这一函数问题时，$f(x)=(x+a)2+|x+a|$ 可改写为 $f(x)=|x+a|2+|x+a|$，改写后的函数又可以看成是由函数 $y=|x|2+|x|$ 经过坐标平移得来的。此后，学生则可以在不同的取值条件下，如当 $x\geq0$ 时、$x<0$ 时分别画出该函数的图象。将两个函数合并在一起后，我们则可以发现，图象的最低点为 $x=-a$，在 $x<-a$ 时，函数单调递减，在 $x>-a$ 时，函数单调递增。结合已知条件给出的区间范围，则可以得出 $a$ 的取值范围为 $a\geq-3$。又或者是“求解函数 $z=x+y$ 在约束条件下 $x^2+2y^2=4$ 时的最值”，通过题干可知，解答这一问题时可以采用拉格朗日乘数法，但运用代数关系进行最值求解，这一过程无疑较为烦琐。此时，为了有效地简化解题过程，教师则可以引导学生运用数形结合思想发掘题目中所蕴含的几何规律。$x^2+2y^2=4$ 可以转化为椭圆轨迹理解，那么这一题目中函数 $z=x+y$ 则可以理解为一条斜率为 $-1$ 的直线，即整个题目可以视为“椭圆上的任意 $P$ 点沿椭圆运动时，在 $x$ 轴与 $y$ 轴的截距最值问题”。当题目被简化之后，学生只需求解直线 $x+y=z$ 与椭圆 $x^2+2y^2=4$ 相切的值即可。由此可见，在高等数学教学中教师引导学生运用数形结合思想，借助图形直观或几何理念可使数量关系形象化，此时，数学问题的解答也会变得更加简便。

## 二、数形结合在高等数学教学中的应用策略

强化数形结合引导。在进行具体的高等数学知识教学时，教师自身应当有意识地引导学生利用数形结合思想分析、解决数学问题，无论是在讲解数学概念、解释数学定义、

推导定理还是在解题计算时，教师都可以强调数形结合可有效地降低学习难度、强化知识点记忆理解的应用优势。同时，在布置相应的数学习题时，教师也可以强调学生多运用数形结合来思考问题，以此加强教学引导来培养学生主动使用数形结合思想的习惯。

利用信息化技术。信息化教学手段深受广大教师的喜爱，在高等数学教学工作中，教师也应当善于借助微课、云课堂等教学工具，以图象、视频、动态图等多样化的信息手段展开教学。在信息化学习模式中，原本抽象的内容变得具象，而数量关系与数学图形的结合、动态与静态的结合都使得所学的高等数学内容生动起来，有效地降低了相关知识点的学习难度，学生在理解与接受后续的数学应用中也会更加得心应手。从另一角度来说，学生也可以根据自身的实际学习需求来调整学习速度、演示进度等，此时，图形的动或静、数和形的潜在变化都可以清晰、直观地呈现在学生眼前。

形成常态化教学。数形结合思想的培养不应当局限于某一知识点或者某一教学单元中，而是应当涵盖学生整体的高等数学学习过程，将数形结合教学形成常态化，此时则更有助于促使学生形成科学的数学思维习惯。而在教师的教学过程中，则应当善于挖掘出教材中所蕴含的数形结合思想，并切实地从教学目标、教学内容、教学经过、课后练习等诸多环节有层次地、分阶段地渗透数形结合思想。

综上所述，在高等数学教学工作中有机融合、渗透数形结合思想是每位教师都值得深入思考的重点课题。利用数形结合开展高等数学教学工作，无疑极大地优化了学生的学习过程，极大地提升了学习效率及质量，对于培养其数学学科素质具有重要的意义与价值。

# 参考文献

[1] 苏建伟 . 学生高等数学学习困难原因分析及教学对策 [J]. 海南广播电视大学学报，2015( 2 ) : 151–154.

[2] 温启军，郭采眉，刘延喜 . 关于高等数学学习方法的研究 [J]. 吉林省教育学院学报，2013( 12 ) : 1–3.

[3] 同济大学数学系 . 高等数学：第 7 版 [M]. 北京：高等教育出版社，2014 : 25.

[4] 黄创霞，谢永钦，秦桂香 . 试论高等数学研究性学习方法改革 [J]. 大学教育，2014( 11 ) : 19–20.

[5] 刘涛 . 应用型本科院校高等数学教学存在的问题与改革策略 [J]. 教育理论与实践，2016，36( 24 ) : 47–49.

[6] 徐利治 .20 世纪至 21 世纪数学发展趋势的回顾及展望( 提纲 )[J]. 数学教育学报，2000，9( 1 ) : 1–4.

[7] 徐利治 . 关于高等数学教育与教学改革的看法及建议 [J]. 数学教育学报，2000，9( 2 ) : 1–2，6.

[8] 王立冬，马玉梅 . 关于高等数学教育改革的一些思考 [J]. 数学教育学学报，2006，15( 2 ) : 100–102.

[9] 张宝善 . 大学数学教学现状和分级教学平台构思 [J]. 大学数学，2007，23( 5 ) : 5–7.

[10] 夏慧异 . 一道高考数学题的解法研究及思考 [J]. 池州师专学报，2006，20( 5 ) : 135–136.

[11] 赵文才，包云霞 . 基于翻转课堂教学模式的高等数学教学案例研究：格林公式及其应用 [J]. 教育教学论坛，2017( 49 ) : 177–178.

[12] 余健伟 . 浅谈高等数学课堂教学中的新课引入 [J]. 新课程研究，2009( 8 ) : 96–97.

[13] 江雪萍 . 高等数学有效教学设计的探究 [J]. 首都师范大学学报（自然科学版），2017( 6 ) : 14–19.

[14] 谌凤霞，陈娟 . 高等数学教学改革的研究与实践 [J]. 数学学习与研究，2019(7)：19.

[15] 王冲 . “互联网 +” 背景下高等数学课程改革探索与实践 [J]. 沧州师范学院学报，2019(1)：102–104.

[16] 王佳宁 . 浅谈高等数学课程的教学改革与实践研究 [J]. 农家参谋，2019(5)：179.

[17] 茹原芳，朱永婷，汪鹏 . 新形势下高等数学课程教学改革与实践探究 [J]. 教育教学论坛，2019(9)：143–144.

[18] 中华人民共和国教育部 . 普通高中数学课程标准 [S]. 北京：人民教育出版社，2017.

[19] 杨兵 . 高等数学教学中的素质培养 [J]. 高等理科教育，2001(5)：36–39.

[20] 李文林 . 数学史概论：第 3 版 [M]. 北京：高等教育出版社，2011.

[21] 沈文选，杨清桃 . 数学史话览胜 [M]. 哈尔滨：哈尔滨工业大学出版社，2008.

[22] 曲元海，宋文媛 . 关于数学课堂内涵的再思考 [J]. 通化师范学院学报，2013，34(5)：71–73.